自在

李筱懿/著

关于生活智慧的100个基本

中信出版集团 | 北京

图书在版编目（CIP）数据

自在：关于生活智慧的100个基本 / 李筱懿著 . --
北京：中信出版社，2022.12（2026.1重印）
ISBN 978-7-5217-5034-8

Ⅰ . ①自… Ⅱ . ①李… Ⅲ . ①成功心理－通俗读物
Ⅳ . ① B848.4-49

中国版本图书馆 CIP 数据核字（2022）第 224136 号

自在——关于生活智慧的100个基本
著者： 李筱懿
出版发行：中信出版集团股份有限公司
（北京市朝阳区东三环北路27号嘉铭中心 邮编 100020）
承印者： 北京通州皇家印刷厂

开本：880mm×1230mm 1/32 印张：10.5 字数：216千字
版次：2022年12月第1版 印次：2026年1月第12次印刷
书号：ISBN 978-7-5217-5034-8
定价：59.00元

目录

前言　过好生活的基本功 VII

第一章　自主

1. 主动与不主动之间，生命资源相差30倍 3
2. 与其“被喜欢”，不如“被需要” 6
3. 放弃之前，努力三次 8
4. 小善意，大帮助 10
5. 常做举手之劳，不必踮起脚尖帮忙 12
6. 条件交换 14
7. 世俗的成功给人自由 20
8. 逆袭必读 23
9. 思路决定出路 26
10. 不断发现可能性 28

第二章　自省

11. 让不自觉的人，碰个软钉子 33
12. 学会冷脸 36
13. 被生活逼急了 38
14. 社交自由 40
15. 留白效应 43
16. 穷朋友和富朋友 45
17. 认识一个人 47
18. 细节带来好感 49
19. 不拧巴 52
20. 你有什么缺点？ 54

第三章　自律

21. 书卷气 59
22. 运动比整容神奇 61
23. 易瘦体质 64
24. 深度工作 67
25. 别被“劣质勤奋”吓住 70
26. 烦恼箱 73
27. 让我快速成长的5种能力 75
28. “断舍离”，是筛选和排序的能力 78
29. 高效晨间一小时 82
30. 自律不痛苦，假装自律才痛苦 83

第四章　自修

31. 戒掉“玻璃心”的两个方法　87
32. 毁掉一个漂亮女孩有多容易?　93
33. 以霹雳手段，显菩萨心肠　95
34. 投资认知，看准趋势　97
35. 争取利益的三个关键　103
36. 找准优势，降维打击　106
37. 破除学生思维　109
38. 实力强的人，更容易被宽容　112
39. 放下精英的傲慢　114
40. 别用示弱的姿态去交往　117

第五章　自洽

41. 演讲的6个细节　121
42. 三句好答复　124
43. 三个重点，提升权威感　126
44. 两个技巧，让反应更快　128
45. 正确接受善意的3个原则　131
46. 倒金字塔结构：说话有重点，有逻辑　133
47. 扮演一个自信的人　135
48. 问清对方动机　139
49. 多倾听，多提开放式问题　141
50. 沟通的利他性　143

第六章 自如

51. 怎样把对抗转化成合作 149
52. 巧妙化解尴尬 154
53. 良好的关系 = 开放 + 响应 156
54. 健康人际关系的6个特点 159
55. 结交“贵人”的4个方法 163
56. 不轻易原谅 166
57. 太懂事，容易被辜负 168
58. 为什么有些人，总在关系里处于弱势？ 170
59. 成年人的友情，进度不会太快 173
60. 再好，也有保留；再差，也能顾惜 175

第七章 自然

61. 最差的时候，暂时别打扰任何人 179
62. 对意外，保持弹性 181
63. 难伺候，就不伺候 185
64. 八面玲珑不是夸奖 186
65. 总是吃苦，会忘记甜的滋味 189
66. 冷淡的人 191
67. 不被理解是常态 193
68. 有教养 195
69. 优雅比漂亮高级 197
70. 做一件让你感到害怕的事 200

第八章　自愈

71. 冷暴力，绝不忍　207
72. 婚姻打工人　209
73. 格局更大的择偶观　212
74. 爱情是热烈的奔跑，婚姻是慢慢的生长　215
75. 付出越多，越难被爱　217
76. 爱情的新脚本和旧脚本　219
77. 自我，并不容易找到　223
78. 偏心　228
79. “活得久了，人生充满惊奇”　233
80. 结婚需“划算”　238

第九章　自信

81. 幸福是小狗的尾巴尖　243
82. 先完成，再完美　247
83. 爱情的真相　249
84. 放下虚荣心　251
85. 撒娇的本质是示弱　253
86. 家庭不会耽误女人成长，家务会　256
87. 立场不同　260
88. 哪一刻意识到读书很有用　264
89. 父母不仅得孝顺，同样要管理　266
90. 很多烦恼，都是闲出来的　269

第十章　自在

91. 收起“无能的愤怒” 273

92. 唯有平视，才能看见真实的自己 275

93. 该放弃，就放弃 277

94. 一位爸爸对三个女儿的期望 283

95. 向谁能借到30万救命? 287

96. 承认别人优秀，自己同样优秀 290

97. 人性的“不可能三角” 292

98. 婚姻里的尊严 294

99. 人性能有多复杂（一） 297

100. 人性能有多复杂（二） 310

后记　不与糟糕的事情对抗 321

前言

过好生活的基本功

谢谢你打开这本书。

从2014年出版第一本书《灵魂有香气的女子》，到2022年年底写完这本《自在》，倏忽八年过去，我也做了很多尝试：写作了8本书，做了公众号，拍摄视频节目，成立女性文化公司，参与投融资，建立女性读书社群，等等。

这八年时光，密度大，节奏快，经常让我感叹仿佛过了半生，也让我感慨的确一切都有可能，所以，尤其感谢你的陪伴，让我能够从写作这个起点，走向更开阔的世界。

记得很多年前，我看过一段采访，有人问央视当时的著名制片人陈虻："什么样的编导算优秀？"陈虻回答："我衡量一个编导，不是看做得最好的片子，而是看做得最差的片子，最差的片子什么样，才代表这个人的水平。最好的片子没准是蒙上的，你说你打一枪，嘣，打10环上了，蒙呗。假如最差的一枪都打8环，那才代表水平真的很高。”

他说的是基本功扎实。

就像生活里那些很厉害的人，大多数一直在踏踏实实做自己应该做的事，他们厉害在错误率低，而不是偶尔打出了几个惊天动地的好球。面对生活，我们究竟需要哪些基本功呢？能不能把基本功列举出来，方便大家记忆和使用？这是我写作《自在》这本书的初衷，她是我从20岁到44岁的思考和转变，我把这些细细整理为100条“基本原则”，其中既有务实的方法论，也有婉转的心路历程，既有跌宕的故事，也有笃定的感触，感谢你允许我像个姐妹一般，娓娓道来，坦诚相待。

“自在”究竟是一种什么样的状态？

我想，那是“找到自我”之后特有的样子，“寻找自我”的过程会经历很多事、见很多人，从迷茫到清晰不断调整自己，最终确信自我的存在感与价值感，在自己感兴趣的、认为重要和有意义的事情上有所成就。所以，《自在》也是一本陪伴你探索自我的小书，她有10个章节，分别是：自主、自省、自律、自修、自洽、自如、自然、自愈、自信和自在。

每个章节10个相关的故事，尽量包括有用的技巧和多元的视角。写作时，我也时常思考，同样的问题，20岁的我怎样处理，换做今天44岁的我，又会怎样处理？必须承认，处理方式差别真的很大。比如40岁的我积极主动，主动思考、主动行动、主动复盘、主动解决问题，20岁时可不是这样，我会经常“算了”“等下一次吧”，这些念头和行为塑造了我当时怯懦的性格，弄丢了很多机会，做错了很多决定。被现实逼到角落，我才被迫优化自己的性格。

探索自我的过程中，必然碰上很多挫折和曲折。

例如婚姻，我们从中获得什么，又将付出什么？幸福婚姻为什么难度越来越大？只有放弃对爱情的期待才算“人间清醒”吗？

例如沟通和表达，为什么心地真诚讲话却那么难听？厚道人遇见尴尬事活该忍受吗？怎样提高快速反应能力？

例如职业，谈条件很难吗？怎样为自己争取资源？怎样找到自己的“贵人”？

这都是很现实的问题，不解决现实问题，人无法达到“自在”的状态。

如果你20岁，感觉自己面对着困惑，这本书里或许有一些妈妈不会告诉你的生存法则，绝不是妈妈不够智慧，而是她不忍心让你了解太多人心的复杂，可是经历幽暗，往往是遇见光明之前付出的代价，所以，我想坦坦白白地分享给你人性的幽深。

如果你30岁，感觉自己遇到了瓶颈，这本书里或许有一些打破玻璃天花板的方法。当我坦坦荡荡写出自己的经历，你可能马上有了共鸣和信心，在山重水复的时候，加油向前，走到柳暗花明。

如果你是40岁或者以上，是我的同龄人，我们会在读这本书时会心一笑，感慨一句：“原来你也这样想。”

的确，与“成熟”相比，我更喜欢“自在”，这是一种不经意间“轻舟已过万重山”的开朗与豁达。

“自在”不是不争不抢不在乎，那是放弃。“自在”是掌握了基本方法之后，变得通情达理，还能把想做的事情办成。

“自在”不是想怎样就怎样，不管不顾别人的感受，那是任性。“自在”是在明确原则之后，张弛有度，不紧不慢地解决问题。

我始终记得《宁静祷文》中所说：请赐给我雅量，平静接受不可改变的事；赐给我勇气，去改变应该改变的事；并赐给我智慧，去分辨什么是可以改变的、什么是不可改变的事。

这三句话说得多好，基本概括了世间百态，积极而又平静，这就是我心目中“自在”的样子——

与幸福慢慢相见，内心安然。

你的朋友：筱懿

2022年12月

第一章

自主

1

主动与不主动之间，生命资源相差30倍

这是我唯一后悔的事。

发生在20年前，我24岁，有一次行业会议上遇到猎头，问我愿不愿意去一家非常有名的公司做总经理秘书，至少可以先去面试。这是一个特别好的机会，但也意味着我要放弃当时稳定的工作和熟悉的城市。我纠结很久退缩了，原因现在听起来肯定特别可笑——我还没有面试就把自己从头到尾否定了一遍，从身高到英语，从性格到专业。

猎头是个和我年龄差不多的男生，他特别不理解，对我说："李筱懿，在别人否定你之前，请不要先自我否定可以吗？请主动一些可以吗？没有任何机会会对你三请四邀。"

我有点惭愧，但还是没有去这家公司，按部就班继续当记者。

五年以后，我29岁，这家公司的创始人出差来到我所在的城市，非常巧，就是我采访他。我听着公司飞速的发展，看着一沓背景资料，内心感慨万千。

采访结束后我开玩笑地对创始人说："五年前我差点成为你的秘书。"

他马上说："现在你依然可以，要试一下吗？而且职级比秘书高，是总经理助理。"

我没想到他反应居然这么快，结结巴巴地回答："啊，我想想，报社对我还蛮好的。"

他摇摇头说："机会不会等你第三次。"然后告诉我："当年挖你的那个猎头男孩，现在是他这个领域最牛的人之一。"

创始人走了，完全没有像电影里那样，留下名片说："如果你想通了，随时来找我。"我再一次错过了加入高速发展行业的机会。

在接下来几年，我经历了报纸媒体的衰落，职业的天花板，非常难熬，但是我的性格彻底变了，活成一个胸口写着"勇"字的人，非常积极主动。

主动不是莽撞啊，在我的理解中，主动思考、主动行动、主动复盘、主动解决问题，这才是真主动。

不知道该不该做事，去做，大不了做错了总结教训，也好过事后后悔。

不知道该不该结交的人，去认识一下，觉得不合适，再走开，总好过先入为主的判断。

有句话说：“主动与不主动之间，生命资源相差30倍。”

我想可能还会更高，因为前面的每一步都是后面的基础，前面差30倍，后面有可能放大成90倍。如果真的做事，我其实不太鼓励别人慢慢来，因为我们这个时代的节奏非常快，主动把握机会，快速试错，才会高效升级。

分享我自己的比例：凡是我主动争取的事情，70%都做成了，这些做成的事就像一个个阶梯，把我送到另外一个层面，从量变到质变，现在的我和十年前的自己，思维上几乎不再是同一个人。

“慢慢来”这句话没有错，但它说的是耐心，而不是主动性。2020年疫情之后，几乎所有行业、所有人都受到影响，但我们依然可以主动调整状态，主动安排工作和生活，而不是被动接受信息。

把这篇文章放在这本书的第一篇，是我有意为之，30岁以后，我们得学会“静若处子，动如脱兔”，等待机会时充满耐心，遇见机会时毫不犹豫。

主动而充实的人，才会成为这个时代的幸运儿。

2

与其“被喜欢”，不如“被需要”

刚工作时，我特别希望自己人缘好，每次出差都给同事带小礼物，尽量让所有人满意，但是，我的女上司却对我说：

“我希望你把更多精力放在工作上，你来公司不是为了交朋友，而是用业绩说话，不要花太多精力去讨别人喜欢。别人不喜欢你有三个原因——

“第一，你确实有一些不讨人喜欢的习惯，这个你可以在自省后修正。

“第二，你不符合别人的价值观，这个你改不了，因为世界上每个人都有自己的价值观，你讨好不过来，所以，三观合拍就相处，不合就保持距离。

“第三，很多人不喜欢你，是因为你得到了他们没有得到的东西，小到一个停车位、一件好看的衣服，大到一次升职、一个幸福的婚姻。

“如果你明白这三点，就不会把重心放在别人身上，而是做好你自己。”

我后来的经历，无数次证明女上司的话是对的。

与其“被喜欢”，不如“被需要”“被尊重”“被信任”。

“喜欢”是孩子之间的交友方式：我把爱吃的零食和玩具给你，这样你就会喜欢我，我们就是好朋友。你也要跟我分享好吃的、好玩的，你只能对我好，如果你和别的小朋友玩得比我多，我们就不是好朋友了。

成年人之间，你平时是对我不错，我对你的印象也很好，但在重要问题面前，仅有“感觉”不够，成年人更看重自己的利益诉求能不能得到保障。所以，社交关系中，与其耗费心力讨别人喜欢，不如做一个在某些方面很有用的人，被别人需要。

利益对等的关系，比“感觉好”更长久。

3

放弃之前，努力三次

我的第二本书叫《美女都是狠角色》，合同初稿的起印量是3万册。

那是2015年，我刚因为第一本书《灵魂有香气的女子》获得“当当年中新书榜冠军”，还是新人作家，销量没被市场长期验证，3万册的印数已经挺好。

但是，我想再试试，提升到5万册。

于是提出：《美女都是狠角色》的起印量可以是5万册吗？不是因为版税多，而是出版机构对5万和3万的书重视程度不同，我想争取更多的重视和信心。

然后，我拿出自己的计划表，可以配合跑多少场签售，给多少本书签名，等等。

出版社没有答应。

过了两天，我又去争取：跑签售的食宿只要给最低标准，其余超出部分，我自理，读者会的伴手礼我也可以自己准备。

还是没有回复。

我不死心，再去。

我说："当年简·奥斯汀、福楼拜这么伟大的作家还被退过稿呢，您出版我这样新人作家的书虽然有风险，但我的上升空间也可能很大。"

我相信一个人的认真、执着还有务实的行动是非常打动人的，最终《美女都是狠角色》这本书5万册起印，后来的销量远远超越这个数字。

我以前特别不敢承认，自己用尽全力去争取某件事，但还是失败了。如果跟别人承认我这么努力还没有做成，说明我笨，或者衰吧。20年前，大众特别不欣赏女性铆足劲儿去做事，觉得女人成事儿最好的姿态是云淡风轻，不经意就做成了。

嚯，我多么想具有这样好运气的"不经意"。

但，凭什么呢？

95岁的天文学家、中科院院士叶叔华曾说："女性有什么想法就去做，想要什么就努力去争取。"

我特别认同。争取机会对男性是生物本能，对女性却是突破。美好的女性、美丽的女性一定都是"狠角色"，因为美好和美丽都不是唾手可得，都要费尽力气去争取和保护。

现在，放弃之前，我会努力三次。

三次不成，可能是时机不对，或者我目前能力有限。

没关系，至少我争取过。

至少我曾三次接近了成功。

4

小善意，大帮助

出差时，我在杭州东站看到一个女孩，她坐在地上，哭得特别伤心。

我想，一个人在公开场合放声大哭，完全不顾面子，得是心里多难受。旁边人来人往，有好几个人在她身边停了一下，和我交换了一下眼神，但都和我一样，不太好意思去问她：你需要帮忙吗？

我很怕打扰她，就在她旁边假装看手机。她渐渐平复之后，我心怀忐忑地走过去说："我就在你隔壁进站口，四点半的车，如果需要帮助，就来找我。"

大约过了20分钟，当我快上车时，女孩走过来，她说："谢谢你问了我那句话，让我好受很多，祝你一路顺利。"

然后，她在另外一个进站口检票。临进站之前，她转身冲我挥了挥手，像一株舞蹈的树。

我内心瞬间很暖。

余华说："没有什么比活着更快乐，也没有什么比活着更艰辛。"

人都会有突然崩溃的点，我以前觉得"帮助"这个词特别大，就是总得做点什么有用的吧。但高铁站的女孩让我深刻感受到，其实只要一句鼓励的话，或者一个温暖的举动，对方就会好很多。

不要吝惜表达简单的感情——"你累了吧？""我在听着呢""我知道你尽力了""我明白你的感受"，这样的话虽然没什么大不了，却真的能温暖人心。

表达，也是主动的一种。

5

常做举手之劳，不必踮起脚尖帮忙

我因为好心办砸过一件事。

朋友的亲戚生病，听说我认识某位医生，让我去找这位医生给亲戚看病，其实我很为难。因为医生是我的熟人，她帮助我已经是情分，而朋友的亲戚，等于拐了两个弯，我认识的这位医生并没有情分提供帮助。但我架不住朋友请求，还是替她联系了医生。

结果是，亲戚嫌弃医生不够热情，向我的朋友抱怨，朋友对我没有帮忙到位这件事，心生怨念。

我们因为这件尴尬的事，不再来往。

我反省：帮助别人量力而行，做不到就果断拒绝。

这不是冷漠，而是冷静。

逞强帮忙，事情办成了还好；如果办砸，不仅自己受罪，对方也不满，这就违背了帮人的初衷。

举手之劳，能帮就帮，是礼貌善良；能力之外，当拒就拒，是自知之明。

懂得拒绝别人，就避开了生活里80%的烦恼。

真正的朋友，会理解你的难处；强求你的人，不值得做朋友。

很智慧的一句话是：常做举手之劳，不必踮起脚尖帮忙。

6

条件交换

有句话叫“吃亏是福”，我特别不认同。

吃亏就意味着受委屈，遭到了不公正待遇，很多人愿意吃亏的原因，是希望在另外一方面，交换到其他条件。

“亏”是怎么吃下的？很多是在或明或暗的“谈判”中。谈判在生活中很常见，并不只有工作里才用得上，小到租房子谈租约，家庭中的家务分配，孩子写作业，都得谈判，本质就是条件交换。

我有四点体会。

第一，知己知彼。这是任何谈判的基础，大到国与国之间的外交，小到家庭里的口角，一定先了解清楚：

对方到底想要什么？可以做出哪些让步？

我们想争取什么？哪些是不能破的底线？

唐代刘餗在《隋唐嘉话》记载了一件事：宰相房玄龄的夫人不允许他纳妾，唐太宗好几次赏赐美人都被拒绝。于是太宗让皇后召见房夫人，告诉她纳妾是公卿家庭寻常的事情，如果不阻拦就罢了，再阻拦就赐死。房夫人不为所动，回答："那就赐死我吧。"太宗怒赐毒酒，房夫人一饮而尽，没有半点惧怕。太宗感慨说："这个女人，我都怕她，何况房玄龄啊。"

其实唐太宗赐的不是毒酒，传说是一壶醋，"吃醋"的典故据说就是由此而来。

英明的唐太宗为什么在猜测房夫人的底线这件小事上失算了？因为他根本不了解这位夫人，但房夫人倒挺了解他。房夫人的坚决其实原因有两个：第一，她生性刚烈，不允许丈夫纳妾就是她的底线，不能破；第二，唐太宗的渴望是当一代明君，连大臣魏徵那种当朝讽刺都接受了，怎么可能因为纳妾这点小事真的赐死宰相的妻子？房夫人作为宰相夫人，这个大局观还是具备的，她虽然性格刚烈，其实是个通透人，她对自己的底线与别人的试探，内心挺明白。

在这里，我留个伏笔，唐太宗还真不了解房夫人的性格，后面我再说一件事。

知己知彼的确是谈判的基础，电视剧《玫瑰之战》里有个片段。袁泉扮演的律师顾念为自己的辩护人争取170万赔偿，而这起笔记本电脑爆炸案中的生产厂家，只愿意支付12万，差距太大，简直没法谈。但是，顾念查到一个细节，对方在处理类似赔偿时，只愿意庭外和解，从没有真正上过法庭——这说明对方更担心事情闹大，产品出现大范围负面舆论，现在的强势可能只是虚张声势。顾念马上调整思路，搜集更多有利资料，做出媒体直播的态势，很快，厂家态度软化，顾念最终为辩护人拿到150万赔偿。

不虚高，不压低，知己知彼，越了解对方，对自己的判断越有帮助。

第二，以退为进。

使用的场景是谈判进入僵持，假如不做退让，自己这方面未来损失更大，于是让渡一点小利益，争取更多的空间。我十多年前做报社广告部主任，最常遇到价格谈不拢，客户要便宜，我们要量大，怎么办？大家签个保底数额，比如30万，达到保底30万的数额，再用最低价格执行。

谈判都是有攻有守的过程，没有无缘无故的退让。以退为进的退让、着眼未来的退让，才是值得的。

第三，按暂停键。

使用的场景是该让的也让了，该讲的也讲了，依然毫无进展。怎么办？

那就暂停。

很多谈判都是谈着歇着，其实是把暂停当作方法，一边让自己这方思考得更清楚，一边延长对方的等待，“拖得起”既是实力，也是心态。国与国之间谈条件，有可能暂停几个月甚至几年，普通人暂停几天又有什么关系？而企业谈判，暂停期也让彼此思考清楚，是否有替代方案？是否存在利益损失？

有耐心，是争取有利条件的前提。

第四，我叫它“扔掉方向盘”。

例子非常经典：你和对手各开一辆车，在单行道上迎面对开，谁先拐弯谁就输。怎么办？诺贝尔奖得主托马斯·谢林给的答案是：你抢先把方向盘拆下来，当着对方的面扔掉。其实是让对手看到你破釜沉舟的决心，把难题丢给他，让他明白，只能他退，你就算想退也退不成了。

谈条件有时候很残酷，你比对方更不在乎，谈妥的概率反而更大。

而“扔掉方向盘”有个前提，对手得是个“理性人”，认知水准和你差不多，而不是和你差距太大，或者很无知，甚至带着要跟你同归于尽的愤怒和仇恨。

“扔掉方向盘”，还可以反过来用，表达决心和信念。

我接着讲一个房玄龄夫人的故事。《新唐书》记载，房玄龄未发迹时生过一次重病，生死未卜，很怕耽误夫人，就对她说：“假如我死了，你还年轻，不要守寡，一定要把自己安顿好。”结果怎么着？房夫人一言不发，刺瞎自己一只眼睛，表明夫妻同心，绝不允许丈夫失去信心。房玄龄病愈后，终生都对夫人很好。

不知道唐太宗赐美人和毒酒的时候，有没有了解过房夫人的刚烈往事？这种女子绝不可能被毒酒吓退啊。

唐太宗虽然大事睿智，但在房玄龄这件家事上，在与房夫人谈条件的时候，还真没有太大的胜算。

回到这篇文章的主题“条件交换”，假如总是吃亏，总是把合理利益让给别人，这不是福气，是没有原则，成年人该有的样子是宽容却不软弱。

但是锱铢必较也无法获得长久的合作，谈判双方各有所得，都实现了自己的核心权益，对边边角角的利益大度些，更容易达成双赢的结局。

一位熟识的投资人谈判经验丰富，也投出了好几家独角兽企业，在这篇文章的结尾，分享他的一句话：“我们接触的创始人里有非常会谈判的，有很能为自己争取利益的，但最终好像发展得好的，大多是愿意分钱、愿意让利、憨厚老实风格的。”

附刘餗《隋唐嘉话》相关原文：

梁公夫人至妒，太宗将赐公美人，屡辞不受。帝乃令皇后召夫人，告以媵妾之流，今有常制，且司空年暮，帝欲有所优诏之意。夫人执心不回。帝乃令谓之曰：“若宁不妒而生，宁妒而死？”曰：“妾宁妒而死。”乃遣酌卮酒与之，曰：“若然，可饮此鸩。”一举便尽，无所留难。帝曰：“我尚畏见，何况于玄龄！”

《新唐书 · 卷二百五 · 列传第一百三十 · 列女》原文:

房玄龄妻卢，失其世。玄龄微时，病且死，谚曰:“吾病革，君年少，不可寡居，善事后人。”卢泣入帷中，剔一目示玄龄，明无它。会玄龄良愈，礼之终身。

7

世俗的成功给人自由

我妈妈有位同事阿姨，女儿从小就是学霸，还很多才多艺，钢琴和朗诵都很棒，各种奖项拿到手软。阿姨很骄傲，经常被学校请去作为“标杆家长”传授经验，于是习惯成自然，十分喜欢教导周围不怎么出息的孩子，比如数学成绩极度恶劣的我。

她每次见到我妈都关心地问：“筱懿数学成绩有提升吗？”

我妈十分羞愧：“哎呀，还是老样子。”

阿姨就会输送一番经验，只是阿姨的经验把我妈衬托得十分尴尬，好像我的不出息是因为父母教育失当；阿姨女儿的光彩照人也把我衬托得灰头土脸，就像鹤立鸡群，她是优美的鹤，我是平凡的家禽。

很多年过去，有一次和妈妈通电话，她突然想起什么似的说：“对了，我遇见那位阿姨，她不知从哪里看到你出书的消息，主动对我说‘筱懿不错，还出了几本书’。这次非常谦虚，没有总是提自己女儿，真是难得。”

我很理解，也很感触。

华语辩论赛最佳辩手詹青云说：“考上哈佛，我就变得自由了很多。我小的时候，是遭受很多打击的。老师觉得我很笨，当我成了年级第一以后，来告诉我该怎么样生活的人，就少了一半。当我去香港读书，后来考上哈佛，我就变得自由了很多。我之所以敢借这笔钱（指借一百万去读书），是因为我知道，读完书以后，我有能力把这个钱再挣回来。我觉得世俗的成功给人自由，就是给人不被其他人说教、影响的自由。”

有点刺耳，但很真实。

我见过很多不符合主流道路的选择，起初被所有人反对，但如果获得了名利等世俗意义上的成功，别人的非议就会减少很多；还有一些不符合大众的审美，一旦被权威认定是独特的美丽，立刻变得光彩照人。

比如传奇的意大利女明星索菲亚·罗兰，起初她的外貌不受青睐，大家说：“索菲亚·罗兰长得太奇特了，长鼻子、宽颧骨、肥臀，这样怎么能做电影明星呢！”甚至建议她去整容，但被她断然拒绝。

她19岁那年，争取到主演电影《阿依达》的机会，影片大获成功，她成为家喻户晓的明星，从此，她的厚嘴唇不再被评价为“丑陋”，而是成为独特的标志。

叔本华说："财富和地位，可以保护智者免受小人的伤害。"

连哲学家都那么通透，普通人当然可以大大方方追求成功，坦坦荡荡拥有事业心，明明白白规划未来，清清楚楚表达自我。既与世俗同行，也不低于世俗。

8

逆袭必读

专职写作，是我人生的转折点。

2014年，是我生命的分水岭：那年，我的第一本书《灵魂有香气的女子》出版，同时，我辞掉报社看似稳定的工作，专职写公众号、做自媒体。

这个本身已经高速发展的行业，给我个人成长带来加速度，使我迅速获得数十倍的能量，很多朋友都说：传统媒体受到新媒体冲击，你这是逆袭了。

在过去的很多年里，我想到“逆袭”这个词，就会涌起一些感慨，尤其三点。

第一，当你做重大决策时，一定不要跟身边人讨论。

我36岁离开报社写公众号创业，父母非常反对，他们觉得报社是事业单位“铁饭碗”，你都当妈妈的人了，别太折腾别太累。我知道他们心疼我，辞职他们绝不会支持我。好朋友们也反对，她们说你不是创业你是失业，哪有几个中年人改行成功？你可以在报社待着，反正不忙，一边工作一边写自己的文章，旱涝保收，多划算！

父母和朋友为我考虑了最安全的路线，初衷是为我好。但是，多少人全力以赴投入，都未必能做成事，凭什么我又追求稳定又想高收入，既不辞职也不全情投入，就能把事情做好呢？而且，当时报纸媒体呈断崖式下滑，辞职虽然是“主动失业”，但相比未来报社不堪重负而精简人员，我是提前为自己争取机会。

于是，当机立断选择辞职，只是过了5年才告诉父母和朋友，那时我已经41岁。

写公众号和创业的过程的确艰难，我每天早晨4:45起床写稿，回复留言、跑签售会、做读书活动。但是有一天，我发现原来不愿辞职的同事，因为传统媒体受到冲击，纷纷被迫离开。

而我虽然辛苦，却已经打开新的职业空间，我确定自己选对了。因为时间才是最大的机会和成本，越亲近的人越不希望你受累，然而哪里有不受累的人生呢？走上坡路时，谁都是辛苦的。

第二，当你做了一个决定，这个决定能让你变得更好，立刻义无反顾去做，完全不要理睬周围的声音。

不知道这样说会不会显得刻薄：很多人是口头努力，行为放弃，ta们不介意你努力，但是不甘心看到你努力的成果，不甘心你超越ta们，总想把你拉回平庸，以便自己获得心理平衡。所以，你一定要挣脱ta们的拉扯，全力以赴往你看准的方向走。

第三，当你凭借自己的实力，进入更高的层次，周围的人群就变了。

大家不会冷嘲热讽你的努力，不会讽刺你瞎折腾，而会用欣赏的态度鼓励你，相互介绍资源，相互成全。你会发现身边到处是正能量满满的人，而不是吐槽、打击和八卦那些负能量。

我40岁以后才明白，身边人来人往，我们最终能保持的，只有一个很小的圈子，在这儿你会自由而欢喜，与真正谈得来的人交往。逆袭最大的难度不是超越自己，而是不让原来的圈层捆绑住你，不让原来的思维禁锢住你，不让原来的起点拉扯住你，努力飞到一片自己从未想象过的天空。

9

思路决定出路

小雅是我的健身教练，带了我快四年。

2020年的疫情，导致她工作的健身房倒闭，她改行到房地产行业做销售，晚间下班后带我健身。

我问："你为什么去房地产行业？与你的健身专业优势没有关系。"

她说："目前房地产行业待遇好些。"

我不同意，陪她分析。

第一，看到大趋势。全民健身是国家的战略目标，健康也越来越被每个人重视，疫情只是暂时影响，不要放弃一个大趋势很好的行业。

第二，看清核心竞争力。小雅是专业体育院校毕业，游泳、滑雪、冲浪和日常健身项目都很专业，围绕自己的"能力圈增值"，才会更有价值。房地产行业眼下待遇再好，与核心价值有什么关系呢？就像我，写书是我的优势，但是现在厨师工资高，我要改行做厨师吗？不要，我可以拍短视频，因为短视频是写作能力的延伸，紧紧围绕我的能力圈。

第三，看懂自己的优势。很多女性都和我一样，更愿意选择女教练，为什么？因为日常运动是近距离接触，女教练让我更放松，隐私感更强。而女教练那么少，未来一定更稀缺，人才同样以稀为贵。

我和小雅分析完三点，她很快辞掉房地产销售工作，专注在健身领域，通过了游泳教练考试，进修少儿体适能教学课程，参加滑雪职业技能培训。这些项目女教练非常少，她拥有很大的主动权去筛选学员，高素养的学员又给她带来更广阔的工作机会，四年里，她越做越好，成为高效的自由职业者。

别让现在的思维，制约了自己五年后的发展。

思考未来时，请记得：思路决定出路，态度决定高度，格局决定结局。

10

不断发现可能性

林青霞67岁时，被香港大学授予名誉博士，一同获此殊荣的还有杨振宁院士。

人们这才发现，她写作已经18年。可是，她高中毕业都没考上大学，年轻时忙着拍戏很少看书，亦舒曾打趣她不读书没文化，她自己也说平常菜单都要看很久。

息影后，林青霞用18年磨出三本文集：《窗里窗外》《云去云来》《镜前镜后》，文章还被收录进《大学语文》教材。

怎么做到的？

她不属于天赋型选手，却以写作上的小学生自比，投入巨大热情。

真实的写作过程很枯燥，如何衡量一个人是作家还是玩票，三个条件非常重要：一是长期从事写作，二是作品输出稳定，三是足够的社会认同和销量。

林青霞写得很忘我，每篇稿子改到四五版，自己满意了，再小心翼翼问别人："你觉得怎样了，哪里还需要再改？"

常常为了一个词语、一个标点，不厌其烦地改上十次八次。

作家白先勇说林青霞写作很认真，字字斟酌，有时废稿撒满一地。

她热爱结交文化界好友，四处拜师，向余光中、林燕妮、倪匡、张大春虚心求教写作的诀窍，专程到北京拜访季羡林先生。马家辉、金圣华、董桥、蒋勋，只要是跟文学有关的朋友都被她缠着不放，挨个请教，汇报收获，比如："这两天我在看沈从文。""昨天，我在背《兰亭序》。"

林青霞还爱书成痴，读的大都是文化圈朋友推荐的难啃的经典著述。

黄心村教授曾在文章中说起：她（林青霞）写作读书都习惯在夜深人静时。凌晨合上书页，会叹一口气说，真是舍不得去睡觉啊。一大早就打电话给朋友说："你起床啦，急死人了，我有重大的发现，一夜读下来，赶快跟你说了，我才能去睡。"

朋友们提起一个细节，到林青霞家里很震惊，因为没有见过哪个女明星家里堆了这么多书，而不是衣服和化妆品。

专注研究中国文学的黄心村教授觉得，尤为难得的是——那样密集的阅读，再看青霞的文字，如释重负。那些书本没有成为她的累赘和包袱，她的文字依然保持着纯净、清脆、流畅。

人们把林青霞作为“腹有诗书气自华”的代表，那是因为她真的读过很多书，而且把这些书融进自己的思维、观点和文字，“书卷气”是读书人身上特有的气质，装不出来。

人们也会用“岁月从不败美人”形容她，容貌容易衰老，但五官的老去抵不过心衰。内心年轻，岁月才会手下留情，总想着“人生定型不再折腾”的人，很难体会50岁转型开辟新事业的热忱和激情。

林青霞从演戏到写作的转身，对她来说只不过是做一行爱一行，靠着认真、勤奋和热爱，想方设法做到最好罢了。

真正优秀的人，即使早已功成名就，财富自由，也仍然不断探索各种可能性，去看见更多层面的世界。

第二章

自省

11

让不自觉的人，碰个软钉子

有人借用我的健身滑行盘，轮子卡坏了，还回来时说声“对不起”，但没有任何补救的行为。我答：“坏了呀？没关系。这个不贵，你给我买个新的就好，我把链接发给你。”

对方愣住，按照链接给我赔了个新的——的确是件小东西，也是件小事，但借用的物品完璧归赵，是起码的礼貌，我不想忍耐这个无礼的行为。这些年来，我被迫学会了让不自觉的人，在我这里碰个软钉子。什么是软钉子？就是态度良好，顺着对方的思路，名正言顺地驳回去，让ta无话可说。

东汉诗人辛延年写过一首不到200字的《羽林郎》，惟妙惟肖，卖酒的胡姬坚决而又得体，拒绝权贵家豪奴的调笑。

霍将军的门人冯子都调笑当垆卖酒的胡姬。胡姬只有15岁，系着长长的丝绦，穿着大袖合欢衫，美丽娇俏。冯子都白马银鞍气派光华，他先是要酒喝，胡姬提着玉壶送上好酒。他再要佳看，胡姬用金盘捧出鲤鱼鲙来待客。没想到冯子都却拿出青铜镜赠给胡姬，并且不避讳男女的界限给她系在红罗带上。胡姬当场扯断红罗带，退还铜镜说："男子总是喜新厌旧，而我们女子却眷恋故人。人生就是这样，相识有早有晚，人也有新有故；我对故人不会因为富贵或者贫贱而辜负。多谢您的好意，但是，您爱我也是白爱了！"

胡姬的行为和回答软硬兼施，看上去很礼貌，其实布满"软钉子"，顺着冯子都的行为见招拆招，没有暴跳如雷的反击，结论却让对方哑口无言。

我曾经做过10年销售部负责人，在这个复杂的岗位既学会了"硬碰硬"，也学会了给出"软钉子"，这不是虚伪或者狡猾，而是处理方式更圆融。

有一次，我们部门和其他部门因为一个新客户起争执，我们签了单，其他部门却坚持这个客户最早由他们对接，业务量要平分，我思考了过程和利弊之后回答："特别感谢兄弟部门在这次业务中的支持和配合，但是，客户签约看重的并不是我们哪个部门，而是报社的整体品牌。对于这个业务，我有两个原则，第一，报社利益为先，保证客户的合约能顺利执行；第二，客户利益为先，尊重客户对服务团队的选择。在这两个前提下，业务给我部门，我不推辞，做好服务；不给，我也不强要，做好配合。"

虽然没有剑拔弩张，但是这个客户当年划分给了我们部门。

著名的心理学家马歇尔 · 卢森堡在《非暴力沟通》中，介绍了怎样转变谈话方式来减少人与人之间因为语言而带来的痛苦，他总结了四个要素：观察、感受、需要和请求，其实就是透过现象看清楚矛盾的本质，不要一点就炸，只用语言还击，却解决不了实际问题。

很典型的例子还有春节回家，免不了面对各路亲戚不得体的盘问，但真需要硬邦邦怼回去吗？未必。亲戚的问题有的纯属寒暄，即便不得体我们也不用过度解读，非得凑上去争个水落石出；有的带着目的性，比如问你做什么工作，可能后面就会来一句：能不能给我家孩子介绍个工作？还有的希望找到优越感，听说你不如ta，ta能心里暗爽一下。

人与人永远无法完全共情，语气温和但态度坚定，尽量别让硬邦邦的世界伤害自己，能给出“软钉子”，也是我们的“硬实力”。

附《羽林郎》全文：

昔有霍家奴，姓冯名子都。依倚将军势，调笑酒家胡。胡姬年十五，春日独当垆。长裾连理带，广袖合欢襦。头上蓝田玉，耳后大秦珠。两鬟何窈窕，一世良所无。一鬟五百万，两鬟千万余。不意金吾子，娉婷过我庐。银鞍何煜爚，翠盖空踟蹰。就我求清酒，丝绳提玉壶。就我求珍肴，金盘脍鲤鱼。贻我青铜镜，结我红罗裾。不惜红罗裂，何论轻贱躯。男儿爱后妇，女子重前夫。人生有新故，贵贱不相逾。多谢金吾子，私爱徒区区。

12

学会冷脸

“爱笑的女孩运气不会太差”，我受这句话影响太深，又在传统家庭长大，总被教育要温柔亲和，所以从小就很爱笑。可我不知道这句话还有下半句，那就是：“太爱笑的女孩，运气也不会太好。”

为什么？

因为我不敢冷脸对人，不敢表达自己的委屈和愤怒，甚至被开过分的玩笑，我也拉不下脸去翻脸，反而勉强自己跟着一起笑，这就带给别人懦弱和好欺负的印象。

直到36岁创业以后，我才学会冷脸。有一次，某个认识的人对我说：“李筱懿，你周末也没什么事，来帮我主持一场活动吧。”我回答：“首先我很忙，其次这场活动是商业性质，如果确实希望我主持，可以先把需求、酬劳与合同确定下来。”

对方很不愉快，我们再无交往。

那又有什么关系？我们没有义务让一个提出非分要求的人愉快。

此后，如果某个人的话让我不舒服，我就现场冷脸；生气也会说出来，情绪恰当表达以后，人轻松很多。冷脸不是摆臭脸，是树立自己的规则和界限，要求别人遵守也是一个人的骨骼和支架。

学会冷脸之后，我还有一个连锁变化，那就是：不再太快答应别人的请求。

我以前看到信息基本秒回，别人的请求能办到，也会立刻答应，但这并未给我带来好评，我无意中听见有人评价：“李筱懿这个人特别闲，找她办事很容易。”其实我不容易的好吗？为什么别人觉得找我简单？因为我答应得太快、太干脆，没有表现出任何难度。

后来，我看到提要求的信息，通常放一会儿再回复，被求助时也有更多思考余地。这不是摆架子或者拿捏，有句话说“事缓则圆”，“欲速不达”，慢半拍有利于把事情想清楚、做圆满。

不要让无关的人把我们的随和误解为“随便”，甚至是“掉价”。

13

被生活逼急了

小区有位保洁阿姨，打扫卫生认真细致，缺点是脾气太急、语气太凶，特别喜欢搜集纸箱、矿泉水瓶，积少成多拿去卖。有时别人水快喝完了，她干脆站在旁边等；邻居刚拿了快递，她立刻“预约”：“这纸箱给我留着”；走路像风一样，说话噼里啪啦。见到她就让人紧张。

所以，大家并不喜欢她。

有一次，我从外面回来，手上拿了小半瓶矿泉水，她马上说：“瓶子不要给我吧。”

我摇摇瓶身：“你看，还没喝完。”

她答：“就两口的事儿，你快点喝，我在这等你。”

我无语时，她手机响了，马上换了一个人似的温柔：“哎，姑娘，在干吗呢？我啊，我在楼下遛弯，可轻松了！我都好，最近降温了，你在学校多注意啊，别着凉，我给你寄的新衣服收到没？那就好，你快去上课吧。”

挂掉手机，她脸上的笑意依然收不住，是我平时没见过的温柔。

我问：“你女儿的电话吗？她在外地上学？”

她语气骄傲：“是啊，我女儿成绩特别好。”

我心里一软，说：“你笑起来挺好看，平时那么凶干吗？”

她的笑容逐渐从饱满到干瘪：“咳，我一个人带大闺女，风风火火习惯了，做什么都要赶时间，都没空笑了。平时收集纸箱、瓶子，多攒点钱，孩子考研不至于压力太大。”

她望着手机屏，屏保是女儿的照片。

我两口快速喝完矿泉水，递瓶子给她：“你以后多笑笑。”

我想起那些火急火燎的外卖员、记性不太好的服务员、锱铢必较的菜场摊贩，ta们都不从容，没什么耐心，甚至让人觉得有点讨厌。

但是，或许和这位保洁阿姨一样，只是被生活逼急了，而我们恰好遇到ta们被逼急的那一面。

从容不仅是心态和礼貌，更需要物质条件的宽裕。假如那些不从容的人，并未对我们的生活造成任何实质伤害，假如那些板着脸的人，确实是来不及微笑，那我愿意先对ta们笑。

14

社交自由

身边20岁的小妹妹羡慕我“社交自由”的状态，几乎没有应酬，生活十分简单。

其实不必羡慕，我既有前提，也有取舍。

第一，我的职业不需要与太多人协作。

我是写作者，写稿这件事一个人就能完成，专家型人员，比如科研、舞蹈、教师等，他们的社交自主权相对大，因为更依赖专业水平，人际关系不占核心影响。但是，假如从事的行业需要多方协作，比如化工行业、服装产业、农业、金融等，原材料、研发、设计、生产、销售，这些环节别说个体很难完成，一个简单的团队都无法操作，必须依靠分工精细的组织，有大量需要与外界交互的资源，还有交换的信息。

这些行业的从业者，社交很难自由。

第二，社交自由与年龄、所处人生阶段有关。

我是个中年人，在自己的领域幸运获得过一些成绩，虽然微不足道，但多少让我拥有一点话语权，一点自主选择的能力。按尊老爱幼的传统美德，别人会被迫理解我的不热情。

回忆自己20岁初入职场时，我同样没有社交自由，反而处于“狠狠社交”的状态，倒不是为了攀缘人脉，而是打交道的人足够多，才能了解不同类型的人，才能看到各种不同的状态，才能判断自己到底适合怎样的职业与生活。

假如20岁没有去所谓的“无效社交”，人很难知道自己的哪部分努力会对将来起决定性作用，都得经过时间检验。

第三，我不介意被评价为“冷淡”，不在意无关人员的差评，我对真实和真诚的追求，远高于不痛不痒的好评。

我更加尊重自己“原始”的感受，假如对方实在讨嫌，我干脆表现出“掀桌子不干了，管你呢”的直接和不耐烦。该生气就生气，允许自己偶尔不得体，保留一点做泼妇的权利。我不再总想证明自己、得到认可，谁喜欢我都不如自己喜欢自己更重要。

哈哈，你看，我的相对“社交自由”就是这样来的。

社交自由，其实是比“财务自由”更难获得的体验。

多少大佬早已实现财务自由，但是社交自由了吗？未必，那些觥筹交错的筵席，名流云集的合影，侃侃而谈的会议，有多少是出于让企业更高更快更强的筹划？又有多少是出于自己的喜欢？

社交自由不是“想认识谁就能认识谁”，而是“不想说话就可以不说话”，这需要放弃很多现世的利益和关系权衡，就像《瓦尔登湖》中孤独、自由、清贫的梭罗，极少有人能达到。

至少我，达不到。

15

留白效应

1911年8月21日，达·芬奇的名画《蒙娜丽莎》在卢浮宫被盗走，人们都到博物馆观看原来挂过这幅画的空墙。

两年过去，意外的是：到博物馆看空墙面的人，比过去12年欣赏这幅画的观众还要多出一倍。

心理学上把这种现象叫作“留白效应”。

“留白”本来是中国山水画中的手法，在整幅画中留下空白，给人遐想的余地，比如南宋马远的《寒江独钓图》，只见一叶扁舟，渔翁独自垂钓，画面中没有一丝水，却让人感到烟波浩渺，满幅皆水，正是所谓“此处无物胜有物”。

心理学当中的留白效应是指：感知事物时，因为联想而印象更加深刻的心理现象。假如我们对一件事情的了解处于“满满当当”的状态，留给想象的空间就很少。犹如我们对某个人了如指掌，又何必花费想象力呢？必然因为太过熟悉而觉得索然无味。

留白效应让我反思处理人际关系的方式：如果能给对方留下一些空间，保持适当的距离，反而增加了人际吸引力。

心理学上还有个相反的现象，叫“超限效应”，是指：刺激过多、过强，或者时间过久，就引起了不耐烦或逆反的心理现象。

就好像恋爱里，再美、再帅的人，24小时黏在一起，除了谈恋爱没有其他事，没有其他朋友，很快就会相看两生厌。

再比如，父母对孩子，每天唠叨，即便说的话再有道理，孩子肯定反感，甚至逆反到对着干。

包括我自己，以前每天安排得满满当当，生怕浪费时间，其实失去了很多可能性，比如和朋友聊个天，那种有共鸣的大笑就很治愈；比如陪父母做些家务，琐碎里都是亲情的温暖；还可以一个人听段音乐、看部电影，在某个安静的晚上充满灵感。

20岁，春风得意马蹄疾，不信人间有别离。30岁以后，才发现思念、爱意、关怀、宽慰、勤勉，说得太满了，会给别人造成负担。才懂得舒适感，其实来自“留白”的距离。

16

穷朋友和富朋友

几年前，我分别帮了两位朋友一个忙，她俩知道我喜欢喝茶，都送了我一盒茶叶。

其中一位早年创业，赶上好机会，事业发展非常好，达到了世俗意义上很富有的那种成功。

另一位，还是刚工作的小女孩，家庭情况也很一般。

其实我帮她们的这个忙，既不大，也没想着回报。正好家里茶叶喝完了，我就随手打开“富朋友”的茶叶，泡了一杯，欸，味道不大对劲，看了包装盒：已经过期。再打开她送的其他礼物，都是一些拼拼凑凑的小东西，有些甚至是赠品。

我心里感觉瞬间不太好。

于是打开“穷朋友”的茶叶，里面掉出一张手写卡片，字迹很孩子气，语气也稚嫩，说：“筱懿姐，谢谢你帮我这个忙。”

茶叶是今年的新茶，价格意外挺贵，我看出这件礼物其实超越了她的经济能力，更明白她的真诚。

我心下明白：

在所谓“富朋友”心里，我的价值就是一盒过期茶叶和小零碎；而在所谓“穷朋友”心里，我是一个重要的人。

有时我们花费那么多时间结交“人脉”，除了彼此资源对等，对方是否真诚同样是重要考量，仅有资源没有诚意，关系无法长久，甚至合作未必成功；而一个真诚的人，不见得拥有很多资源，却能在需要时鼎力支持。

所以，别人的富有和贫穷与我有关系吗？并没有。

别人的真诚和虚伪，才和我真正有关系。

17

认识一个人

西汉有个叫匡衡的贪官，曾经深得汉元帝欣赏，官至丞相，被封为“乐安侯”，他的食封土地原本是31万亩，但他贪占土地4万多亩，被揭发后，贬为庶人。

偏就是这样一个人，幼年家境贫寒，为了读书而“凿壁偷光”。

是的，他就是那个“凿壁偷光”的主人公，只是很少有人说过他后来的结局。

唐朝的李绅，写下脍炙人口的《悯农》诗：

锄禾日当午，汗滴禾下土。谁知盘中餐，粒粒皆辛苦。

字里行间都是对农民的体谅和同情。

真实历史中的他，生活极度奢侈，漠视百姓疾苦，担任淮南节度使时，他治下的百姓终日惶恐不安，纷纷渡江淮而逃难。与李绅同时代的韩愈、贾岛、刘禹锡等人对他嗤之以鼻。有一次，刘禹锡到李绅家参加宴会，看见歌妓成群，写诗感慨说：高髻云鬟宫样妆，春风一曲杜韦娘。司空见惯浑闲事，断尽苏州刺史肠。

人们甚至不愿相信“谁知盘中餐，粒粒皆辛苦”这样的“悯农诗”出自李绅之手，直到敦煌藏书窟发现了这首诗的记载，确定确实是李绅的作品。

所以，美好和丑陋，勇敢和怯懦，粗暴和温柔，明媚与阴暗，真诚和虚伪，完全可能是同一个人的一体两面，也可能是同一个人不同的人生阶段而已。

全面认识一个人不容易，既需要时间和耐心，也需要眼光和阅历。

18

细节带来好感

比起大事，我更容易被细节打动。

真正遇上大事检验人的机会并不多，但有些细节却很加分。

1. 人群中，关心那个存在感低的人。

我曾经参加一个创业论坛，周围都是科技界人士，我很难加入沟通，出于礼貌一边听一边点头。这时，论坛主持人问我：“筱懿，你做新媒体，新媒体用到了新科技，所以写稿和过去有什么不同吗？”

这是个我能接住，而且能谈出独特观点的话题。

看见别人难堪，你伸出了援手，能够迅速而且真诚地拉近彼此距离，因为善良的人，才看得见别人的需求。

2. 当大家调侃一个人时，主动转移话题。

一次聚会上，有人评价某个熟人的朋友圈：“哎哟，她这个照片真是P狠了呀，她真人哪有那么瘦。”我旁边的朋友顺手接过手机说：“我看看，嗯，前两天刚遇到她，她最近运动，确实又瘦又好看呢。”

我瞬间对这位朋友刮目相看。一点都不尴尬地帮助别人解围，还是帮个不在场的人，内心大多是厚道的。

3.悄悄记住别人的喜好。

我喜欢喝星巴克的大杯燕麦拿铁，与某家视频公司第一次见面之后，每次去，都会有燕麦拿铁，工作人员还很贴心地说：“记得你喜欢这个口味。”

我确实感到温暖。

良好的关系始于确切知道对方心里有你。悄悄记住对方的喜好，给别人惊喜，自然会收到好感和人缘。

4.路过有门的地方，替后面的人扶一下。

我观察过商场、餐厅各种场合的陌生人，能主动为后面的人扶一下门，这种人大多很友善。我身边那些好修养的朋友，都会替别人扶门。这种举手之劳不是刻意做出来，而是变成了习惯的善意。

5.别人的帮助，除了说谢谢，记得给对方一些回报。

我向一位朋友学到这个细节，她每次请人帮忙，不仅说谢谢，而且送上一份礼物，即便是很小的忙，她也准备些水果、咖啡之类表达心意。她说帮忙是情分，感谢是应该的，除了语言感谢，也要为对方做点什么，让ta知道你领情了。

来往之间的互动，使关系更长久。

类似还有很多，例如：

借别人的东西整理好再归还，借伞后把伞折整齐还回去，借车把车加满油交还车主。

转动餐桌时，看看是否有人正在夹菜；吃完以后，收拾自己面前的垃圾，向大家说："我吃完啦，你们慢用。"

节假日不群发祝福消息，而在每个信息前加上对方的名字，让人觉得被重视。

听人说话时，把两只耳机都摘下来。

别人给你看照片，绝不私自翻看第二张。

善意存在于润物无声的细节，因为小处才有无法隐藏的真实。

19
不拧巴

我以前很拧巴。

想出众，又缺少底气，担心自己内存不够，水准平庸；想努力，又怕被嫌弃用力过猛，不够云淡风轻。捋顺自己真的花了我好多年，也积累了几个“不拧巴”的心得。

1. 当“直球高手”。

工作里遇到不懂的地方，不因为好面子而揣着糊涂，马上问清楚；遇到麻烦事，不纠结，快速试错，快速纠正。效率高、成长快的人，会让合作者有种并肩作战的参与感。对待人际关系也一样，明确表达喜欢，也清楚表明不满，不让别人猜心思。

我不大擅长处理需要很多铺垫才能进入状态的人际关系，因为寒暄、试探和觥筹交错需要的时间、精力和情绪价值，我都很不够。这些年能留下的朋友与合作伙伴，大抵都接受了我的个性。见面时真诚自在，分别后守望相助，直接坦诚，有事说事。

互联网时代，人际关系都很简化，尤其年轻人。

2.有“体验者思维”。

体验者思维是扎根于当下，不纠结过去的对错得失，也不琢磨太过遥远的事。过去已经发生，紧紧抓住沉没成本没有意义；未来则存在太多不可控因素，想得越多就做得越少，容易陷入内耗。

多做多得，当你可控的部分越多，对未来才会越有把握。

3.不害怕主动出击。

“松弛感”是个很流行的词，容易被误解成“躺平”或者“悠闲”，其实都不是。不拧巴之后，人自然会松弛下来，进入另一种“主动出击”的状态：想要什么，就去做，从心底认同自己的目标，不会嘴上说着“淡定淡定”，身体却在焦虑狂奔。

想拒绝就直说，想得到就努力，松弛感来自能够主导自己的生活。

20

你有什么缺点？

“你有什么缺点？”

这个问题出现的场合还挺重要，类似求职、年终总结之类，怎么回答？

不知道谁教的，故意把优点说成缺点，比如：“我这个人的缺点就是太认真！”“我最大的缺点就是太热情。”

听到这样的话，我会觉得太假，分享一个真诚的公式：缺点+改进方法+结果。

例如：

我曾经的缺点是拖延症，总想“等一等再处理”，不经意就错过了黄金时间，自己劳而无获，还给别人带来麻烦。我痛定思痛，养成了用“任务列表的方式”管理每天的时间，当天的事情必须当天做完，逐渐克服了自己的拖延症，现在行动力还蛮强的。

再比如：我习惯闷头做事不擅长沟通，几次因为沟通问题造成误解，后来我专门读了人际沟通的书籍，比如罗伯特·西奥迪尼的《影响力》，还报了课程，现在我的沟通能力强多了，甚至还能带点气氛。

这样回答是不是真实很多？

“你有什么缺点？”这个问题，对方并不是要为难，真想知道我们有什么缺点，而是希望了解到我们对于缺点抱有怎样的态度。积极修改的态度，比程式化的回答更能打动人。

所有长久的关系中，唯有真诚才是最短的路。

第三章

自律

21

书卷气

我最向往的气质是“书卷气”，它特别神奇，有书卷气的人能超越外形的美丑胖瘦，让人好感倍增。

我观察了很久，书卷气足的人，都有三个特点。

第一，书卷气的底色是“沉静”。

成大美者，有静气。如果一个人耐得住寂寞，沉得住气，能保持专注力，深入思考和做事，这种心态也会外化成平静柔和的面貌，还有温和坚定的神情，不会让人感到攻击性和压迫感。比如经历人生颠簸却终生读书的杨绛，一生艰苦守护敦煌文物的樊锦诗，中国最后一位诗词大家叶嘉莹，这三位女先生，未必外貌多么漂亮，但沉静之气让她们很美，并且越老越美。

第二，肢体语言大方、克制。

大多数人日常的肢体语言，包括我自己，都有点杂乱，会有抓耳挠腮、东张西望、目光游离等不自觉的小动作，直接暴露内心的紧张或者情绪的失控。而书卷气足的人，内核稳定，气息也很沉稳，她们举止有度。比如，当我们想到袁泉、俞飞鸿、刘亦菲、奥黛丽·赫本，她们都没有显得张牙舞爪的夸张举止，表情到位但不会变化特别快，哭就哭、笑就笑，不至于悲喜无常，也不会有太多细碎的小动作。

动作和表情管理，是长期的习惯，可以对着镜子多练习，也可以拍视频矫正。

第三，最重要的是，书卷气来自真正读过很多书。

面容和举止的气质养成，源自内心的修养，有自己认可的审美和知识做底气，才能自如。

凡有所学，皆成性格。“读史使人明智，读诗使人灵秀，数学使人周密，科学使人深刻，伦理学使人庄重，逻辑修辞之学使人善辩”，就像曾国藩说的：“惟读书则可变化气质。”

在我心里，书卷气是气质的“顶流”，有了她，优雅才会光芒四射，而不是显得做作；飒爽才会利落可爱，而不是变成鲁莽；单纯才能洁净纯真，而不是看上去乏味。

大多数书卷气足的人，都不会太年轻。真正读了万卷书、行了万里路，具备自己的世界观，书卷气会不知不觉流淌出来。

22

运动比整容神奇

我坚持系统健身四年，这是唯一真正带来“逆生长”的习惯，既有体形变化，也有心理状态的改变，有四点心得。

第一，健身能让我们体形比过去的自己好，但不可能逆天。

我是梨形身材，健身前是“大梨子”，现在是“小梨子”。臀线提高了，所以看起来腿稍微长了一点。但我永远不可能拥有纤细的长腿，永远不可能完全改变体形。健身让我坦然接受自己身材的缺点，由衷喜欢不完美的自己。

第二，有局部肥胖，但没有局部瘦身。

我是“粗腿星人”，健身第一天就对教练说：“我要专项瘦腿。”教练说不可能，除非全身瘦，否则腿不可能细。运动是全身脂肪参与分解和代谢，全身脂肪成比例缩减，不可能想瘦哪里瘦哪里。我意识到，如果一个人整体状态好，别人不会在意她某个局部的缺点，比如玛丽莲·梦露，她有不完美的小肚子和赘肉，但整个人依旧健康性感；而一个人如果整体状态不好，即便有明显的优势，也会在显现程度上打折扣。

第三，翘臀的标配是粗腿，优点和缺点都是相对的。

我练臀特别容易出效果，但锻炼四年粗腿依旧。教练说，人体的器官和特点都是相对的，几乎没有自然人同时长着马达臀和小细腿。就像没有人可以又快乐又深沉，又聪明又老实，又能言善辩又保持沉默一样，每一项优点背后，都有个隐藏缺点；但每一个看上去的缺点后面，也附赠了一项优点，不必过度苛刻自己。

第四，健身的效果，比整容神奇。

健身后，经常有人问我："你是不是整容了？"

我没有。

谁不渴望瞬间年轻，立刻拥有紧致的轮廓线？我也试过水光针和一些光电项目，坦率地说，对我几乎没用，因为我的生活习惯很健康：早睡早起、规律运动、饮食均衡、严格护肤。我非常理解容貌焦虑，理解求美求好的心情，但自己尽量少参与：能速成的是五官，速成不了的是三观；能整出来的是样貌，整不出来的是精神面貌。

健身后，相比身体的变化，我的心情和状态变化更大，好像整个人会发光一样。任何超声刀都比不上自然紧致的轮廓线，任何速成都比不上日积月累的好习惯。

在快节奏的生活中，我依旧相信日积月累的力量。

我相信健身不是为了碾压别人和秀马甲线，而是成为更健康、更舒展的自己。

23

易瘦体质

我是先天易胖体质，花费很多时间把自己调理到健康并且偏瘦，其实，健康和抗衰过程中真正有效的东西，都不会花太多钱，关键是养成习惯。

从小，家里饮食清淡，很少重油重盐，但我饭量奇大，体质健壮，与纤细无缘。大学后住集体宿舍，养成消夜习惯，饮食结构很不合理，爱吃牛肉粉丝、麻辣鱼、糖醋排骨之类高盐、高油、高辣食物，身体容易水肿。

冰激凌一次能吃500克，无冰不欢，连水都要冰镇过再喝。

这些20岁的习惯，给身体带来长期损伤：痛经、慢性肠胃炎、口腔黏膜炎症等等。

35岁以后，我一口冰水都不碰，温热饮食渐渐优化了体质，养成全新生活习惯。

第一个习惯，有氧运动和无氧运动交错。

每周4～5次，既做高强度有氧，也做力量和器械训练。有氧运动瞬间燃烧卡路里，无氧运动帮助长肌肉，促进新陈代谢量。我还有微运动习惯，能走路到达的地方就不开车，能爬楼梯就不坐电梯，工作1小时做5分钟颈部和眼睛放松。

可能你会说："筱懿姐，我没时间做运动。"

我特别理解，其实每个人时间都有限，我们只会为自己觉得最重要的事腾时间，对我最重要的事就是工作、陪伴家人和运动，如果有冲突，我愿意精简所有其他事，这是我的态度。

我们不妨想想：自己最重视的事情究竟是什么？

第二个习惯，减糖饮食，用部分粗粮代替精制淀粉。

我实在太爱面包和米饭这类碳水化合物，所以做不到断糖，于是把早、中、晚餐做了区分：早餐除了蛋类和奶类，可以吃面包、包子之类，抚慰嘴巴和心灵；中餐，鸡、鱼、肉、蛋，搭配粗粮；晚餐基本是一杯脱脂奶，配上奇亚籽粉，或者玉米和燕麦，18:00之前吃完。

每周我安排一天开放日，早餐、中餐随意吃，晚餐依旧量很少。我不吃含糖量特别高的水果，像葡萄、石榴，从不喝含糖饮料，不吃零食和膨化食品，不吃油炸类食物。

第三个习惯，找到自己身体的规律。

我每天4:45起床，空腹记录体重，全天记录食物状况，以及生理周期。

有一个方法对我很有效——生理期之后是不错的瘦身时间。生理期结束一周内，人体为了及时补充血液，会分解身体本身的组织，促进血液形成，在这个时段适当控制脂肪摄入，同时保证补充充足的维生素C，有助于瘦身。建议食物适当减少肉类，选择菌类、豆腐等代替，多吃富含铁元素食物，比如芝麻、猪血。

我习惯的运动时间是晚上，每个人作息不同，晚间运动让我睡眠良好，但很多朋友更习惯早晨，晚间运动反而会导致兴奋影响睡眠。

没关系，找准自己的规律，设立健康时间表。

40岁以后，我养成了20岁时都没有的“易瘦体质”，朋友开玩笑说：“李筱懿，你这样生活有什么乐趣？”

可是，我的乐趣就是健康。

垃圾食品犹如貌美风趣但品性差的渣男，健康饮食仿佛靠谱却略无趣的好男人，20岁我跟渣男谈个恋爱，享受他提供的瞬间情绪价值，被辜负了能迅速恢复元气；40岁以后可不行，情感和健康要省着用。

都说陪伴才是最长情的告白，而身体陪伴我终生，是我最好的朋友。

所以，我宁愿自律，换来选择生活的自由。

24

深度工作

我曾经有个困惑：为什么花了很多时间工作，却效率不高？

卡尔·纽波特的《深度工作》给了我很大改变，书里有三个方法特别好用。

第一个方法：分清浅层工作和深度工作的内容，每天安排不同时间做这两种不一样的工作。

比如，看邮件、听新闻、整理工作报表，都可以在浅层工作的状态下进行。做这种工作，即使被微信消息或者电话打断也没关系。

但是，还有一些事情绝不能被打扰，这就是深层工作。比如，我是写作者，对我来说写稿是深度工作，假如我在办公室写稿、写方案、准备课程，首先关手机，然后在门上挂个专用小牌：工作中，请稍等。

不要觉得别人问一件事才5分钟，没什么。由于这5分钟的打扰，我可能半小时都无法回到原本沉浸的状态。

你或许觉得：只有升职当老板，才有时间自由，才能挂牌抗干扰。

其实不是，人表明自己的态度非常重要。戴上耳机、提前打招呼、微信签名设置“工作中”状态，这些都是抗干扰的方法。坚持自己的习惯一段时间，你会发现，别人也逐渐尊重了你的习惯。

第二个方法：衡量清楚自己所做的工作或者所练习的技能，它的重要性和稀缺性到底怎样？是不是少了我们，就会受到很大影响？

假如花很多时间，练习了一个所有人都会的技能，我们的重要性就得不到体现。因此，同样是深度工作，做什么内容很有讲究。有两种工作最重要：一个是项目当中具有创造性的部分，这是专业人士、技术专家的特长，比如软件工程师、编剧、平面设计师等；另一个是掌控整个项目的部分，这是管理者的特长，比如部门负责人、项目经理、总经理等。

假如通过深度工作去重点练习这两方面的技能，你做的工作就会日益重要，自己也会更有成就感，不断的正向反馈让你沉浸其中，如此，你的工作价值会越来越高，相应的薪酬也会提升。

第三个方法：和自己喜欢的人一起工作。

有个观点很流行：别管老板是否喜欢你，也不要管你是否喜欢老板，只要你觉得能从对方身上学习到东西就可以。

我不认同。

假如你无论多么努力，都无法和老板共事——这里的老板包括小公司的创始人，也包括大厂的项目负责人——我建议换个公司，或者换个项目组。因为勉强凑合，让工作当中的人际关系占用你的注意力，甚至影响你的工作内容，会使你根本无法进入深度工作的状态。

喜欢不喜欢这件事，往小里说，是情绪问题；往大里说，是价值观不同。

人不可能长期情绪稳定地和讨厌的人在一起，还得相互配合，这太难了，至少我做不到。

《深度工作》的作者卡尔·纽波特从事计算机算法研究，同时对社会问题充满兴趣，这让他能用不同视角解决“深度工作”问题。

人在忘我的状态，效率可能是平时的10～20倍。

精力集中时，我一小时能写2000字；走神时，100字也写不出。

我们很难拓展生命的长度，但可以加深它的厚度。

25

别被“劣质勤奋”吓住

很多读者对我说：“看到别人很勤奋，自己就很焦虑。”

我说：“你别焦虑，有些人的勤奋，只是‘劣质勤奋’。”

什么是“劣质勤奋”？就是除了给身边人带来“好像很努力的压力”，却没有把事情做好，它有两个最直观的结果：收效甚微和筋疲力尽。

怎样才能勤奋到位？我很深的体会是“加强目标针对性”。

知识的确重要，于是有人每天看书、报各类培训班，其实多数人不是学得不够多，而是不够有针对性。学习困境是：边学边忘。德国心理学家艾宾浩斯提出的“遗忘曲线”，指出学得的知识在一天后，如不抓紧复习，就只剩下原来的25%。就像学英语，如果日常用不到，即便再努力也学不好。

如果没法完成具体目标，没法实践，勤奋就失去了实用价值。

所以，我们需要以具体任务为导向，目标精准地学习，通过一个时间段，集中掌握一个领域的知识，很快上手运用，形成“输入到输出再到结果”的良性循环。

比如，你升职了，要带五个人的团队，学习目标很明确，就是“怎样管理团队”。带着具体任务再去读领导力领域的书籍，理论很快用上，边做边纠正自己的不足。

“精准努力”这项品质，在袁隆平先生身上体现到极致。

袁先生的秘书辛业芸跟随他二十多年，非常熟悉他的读书习惯，她说，袁先生读书有广博的一面，也有极专的一面，这既成就了他丰富多彩的生活，又让他能在杂交水稻培育方面成果卓著。他的书桌上摆着各种各样的地图册，中国地图册、世界地图册，他甚至还喜欢看《讽刺与幽默》，“有时我们会觉得袁先生就像是‘段子手’，笑话一个接一个。他记性好，不管隔多久，段子的细节都能记得很清楚”。读书广博、爱好广泛，让他开阔了视野，弥补了亲见亲闻的不足。

但袁先生读得最多最用心的还是专业领域的书，尤其英文文献资料。辛业芸讲到两个细节：第一个，他每天临睡前还看半小时书，多是业务书，《Rice Today》这份杂志是他必看的。第二个，他有回突然买了海明威的书，辛业芸奇怪他是不是逛书店时随意翻到这本书，或者看了哪句话引起关注，其实都不是。袁先生说很想知道是什么原因导致海明威这么伟大的作家最后选择自杀，他的思想转变怎样，作品中是否有透露蛛丝马迹，于是回来认真读海明威的作品。袁先生只要关注什么事情，他会深入下去，一定要知道原因。

这是有效勤奋，带着具体项目、任务和问题去研究，而不是盲目学习和努力。

保持自己的节奏，不被别人带偏很重要。

别人的勤奋是她的节奏，你的努力是你的节奏，目标各不相同，没有必要用同款姿态去赶路。

26

烦恼箱

“烦恼箱”是我的神器，我把对未来的焦虑都写下来，放到这个箱子里，所以里面装满形形色色的小纸条，比如：

“写不出稿，头秃！”

“出差陪不了女儿，心塞！”

“抬头纹越来越重，气！”

“不想被××超越！！！”

“工作伙伴不理解，影响进度！”

“我妈又来唠叨……”

各种吐槽和担心。可是，我通常只把纸条塞进去，一个月，甚至更久才打开“烦恼箱”查看一次。结果发现，这些烦恼或者没有发生，或者早已被解决而不存在了。

这个简单的工具让我明白：为没发生的事情忧心忡忡，才是人最大的烦恼，这就是焦虑的来源。我们每天都会冒出千万个意念，假如每个意念都仔细想一遍，就不要正常生活了。

宾夕法尼亚州立大学有项研究，针对的是人类对未发生事件的担忧行为，综合数据是：有79%的事都不会发生，有16%的事可以通过各种方法应对，只有5%的事无论怎样烦恼也没用，它们必然会发生。

与其担忧并不会发生的事，远不如将自己能够实现的事做好。

27

让我快速成长的5种能力

1.坚持做一件事的能力。

无论运动、弹琴、画画、跳舞，还是读书、早起、唱歌、打得州扑克，找到一个爱好坚持十年以上，都会受益匪浅。绝大多数人只有三分钟热度，五分钟耐心，七分钟毅力，假如坚持，起初可能没有太大变化，但是，经济学里有个“池塘效应”——池塘里的荷叶第一天长出一片，第二天长出两片，到它覆盖半个池塘，用了49天时间，让人惊讶的是，荷叶覆盖另外半个池塘，仅仅需要一天时间，因为荷叶的增加方式是几何级数，不是算数级数。

大多数有意义的事情，在短期内看不见成效，我从上小学开始写作文，36岁才成为职业作家，其实前方的道路并不拥挤，因为坚持的人不多。

2．分配欲望的能力。

什么是自律？自律就是更好地分配自己的欲望。

我爱健身也爱美食，但会为了好身材这个长期欲望，把美食欲望放在第二位；我爱追剧也爱健康，但会为了规律作息，放弃熬夜追剧；我爱买东西，也爱储蓄带来的安全感，所以会为了攒钱，放弃那些可买可不买的物品，每个月做好收入分配，不超标花钱。

自律是合理分配欲望，而不是用意志力去和欲望搏斗，意志力是稀缺资源，不能被透支。

3.送自己礼物的能力。

多年来，只要有收入，包括每个月发工资、收到稿费，我都会奖励自己，一束花、香薰蜡烛、水果、绿植、电子产品、耳环等等，有贵也有便宜。我买书特别干脆，犹豫要不要看的书，干脆立刻买。书才是性价比最高的物品，哪怕整本书只有一句话启发了你，都没白看。

除了物质礼物，我还老在心里夸自己：你真有毅力呀！你真不容易呀！你很努力呀！你又进步啦！

人需要不断地自我肯定，假如我们对别人都那么好，对自己当然要更好。

4.厚脸皮的能力。

有句话叫“脸皮厚，吃得透”，自从我脸皮变厚了，就特别好意思拒绝不合理要求，特别敢于怼回冒犯，特别不怕得罪人，特别勇敢地争取机会；而脸皮变厚了，我的生活也更厚实了，不怕失败，乐于尝试各种新技能，跳爵士舞、玩陆冲、讲脱口秀、划赛艇，谁招呼我去干个新鲜事，我都去。

人生须尽欢，不必太清高。

5. 对不同观点的接受能力。

我相信“没有最好，只有不同”，一旦把“最好”两个字给去掉，就不再需要跟人家争论，不用在主流叙事里站到金字塔顶端，带着自以为是的优越感去纠正别人。

观点不同，不用强融，减少争论的过程，既是节省自己的过程，也是成长的过程。

成长不是匀速的，我们时常懊丧：为什么花了那么多工夫还没看到一点成效？董宇辉说：“每个优秀的人都有一段沉默的时光，那是付出很多努力，却得不到回报的日子，它叫作‘扎根’。”

在经历缓慢而扎实的进步之后，我们会在某个时刻突然觉得“开窍”了，像终于走完拥堵路段，跑上了快车道，眼前是迅速接近的目标，耳畔是加速度的呼啸。

28

“断舍离”，是筛选和排序的能力

社交媒体上的网红是热门的职业，做个月入过万的博主是火爆的副业选择，当真这么轻松吗？

应该不是。

有位读者小静是银行职员，平时喜欢研究家居软装。前两年，她用Vlog记录自己装修新房的全过程，从改水改电到家具电器应有尽有，在网络上迅速吸引了一批关注者。之后，小静在业余时间兼职做家居博主，经常推荐一些好用、好玩的家居单品，或是做同类型的单品评测，再加上越来越多的商务合作，一段时间下来，小静的家被各种家居用品填满，为了拍视频的环境好看，她不得已从原来的家里搬出来，在外面租了一套更大的房子，“故居”被当作仓库，存放物品。

很快，出租屋也被塞得满满当当，小静也状态疲惫，她从这种看似热闹的生活中安静下来，仔细来算账：看上去事业蒸蒸日上，但她付出了大量时间、精力和金钱，非常劳累，而收入并没有真正增加太多。为什么呢？原本她住自己的房子，离公司近，步行几分钟就能上班，现在越搬越远，每个月通勤费多出不少开支，房租又是一笔多出来的开支。原本，她拍短视频是推荐自己喜欢的物件，现在则变成了拍视频有内容，额外购买很多用不上的东西，这个花销也很大。虽然平时有一些商务合作，但她做家居博主只有两年，这个行业竞争也很激烈，现有收入远没有达到辞职做专职的程度。

小静痛定思痛，决心来一次彻底的断舍离。她卖掉所有为拍视频而买的家居用品，退掉租的房子，搬回自己家，又把家里的东西全部清理一遍，一番整顿过后，除了电器、家具以及少量生活必需品，几乎没有冗余，乱糟糟的家恢复了整洁明亮。短视频也从每周拍两次，恢复成不定期的业余爱好，有收入就是纯粹的增量，没有收入也不着急，有个让自己开心的爱好也不错。

小静计算下来发现，虽然作为“博主”的自我感觉挺好，但是在目前的经济环境下，“主业”都没做好，却大刀阔斧发展“副业”，并不符合自己的现状，还是回归原本的金融行业深耕更加合适。她对我说：“做过博主之后，我戒除了很多幻想。假如一份兼职稳定月入过万，那它就是一个靠谱的职业；假如一项副业能越做越好，那它就是一项有前景的事业。没有人轻松兼职或者靠副业就能轻松地过上好生活。”

有一本现象级畅销书《断舍离》，作者山下英子主张通过整理和舍弃多余物品，摆脱物质迷恋，使自己达到内心愉悦、轻盈生活的状态。这本书改变了很多人的生活方式，大家从“存东西”，变成了“扔东西”。实际上，山下英子在这本书里表达的观念是——重新审视物品、事件、他人与自己之间的关系。

就像小静的“断舍离”并不是扔东西，她基于自我观察和了解，给身边的重要物品排序，给自己要做的事情划分主干和枝丫。明确目标之后，再做减法，清除次要，留下核心。

断舍离不仅适用于物品调整，更大的作用是帮助我们重新审视周遭的人际关系。

我曾经非常恋旧，遇到合拍的朋友或工作伙伴，就想把他们一直留在社交圈，假如和一个曾经熟悉的朋友渐行渐远，我会很痛苦。几年前，有一位合作良伴，因为沟通效率高而相互信任，一起做过不少项目，我们为同一个目标努力，不断精进业务，有难关一起渡过，有成绩一起开心，建立起了战友般的情谊。后来因为种种原因，她选择去外地发展，我们的合作暂停，随后几年里，她辗转北京、上海、广州，去过不少类型的公司，平时我们各忙各的，业务上没有交集，联系逐渐变少。

虽然有很多不舍，但我深知，人际关系的断舍离，其实就是一场永久或者暂时的分别。在不同阶段，我们的目标发生了变化，工作和生活内容也会随之改变，某些人暂时或永远失去联系，无论是主动还是被动，都逐渐接受它。倒也不必悲观，当彼此之间出现新的共同目标，还会再度相逢。

就像前面说起的这位合作伙伴，今年我开了新项目，第一时间想到她。很简短的沟通后，她恰巧时间合拍，于是我们再次组合，基于之前的信任，只开了两通视频会，就对齐了整体思路、执行方案，过完了合同，顺利把项目推进起来。

断舍离，未必都是彻底的分别。从前的关系并未凭空消失，只是大家的人生轨迹不同，暂时出现了偏离而已。当某个契机来临时，之前建立起的融洽会被重新拾起，不需要费尽心思地维护，就能迅速激活。

人与人之间的交往，犹如一条动态的河流，强行留住一段关系，无异于让河水静止。不如轻捷暂别，各自大踏步往前走，期待之后的某个节点仍然有汇集的可能。

在这个信息冗余、物质饱和的时代，很多人并不缺乏“获得”的能力和动力，但我们仍然需要修炼“排序”、“筛选”和“放下”的能力。

客观地评估自己，告别幻想；轻盈地整理关系，不惧重建。

这是我心目中的“断舍离”，能让一个人活得现实、积极而平静。

29

高效晨间一小时

早晨起床后的第一个小时，决定了全天的效率。

每天早晨4:45起床后，我简单刷牙洗脸，不碰手机，不接受任何信息源，马上坐到电脑前写作和工作，我每天最重要的任务，是写书和短视频脚本。

一个小时过去，我顺利写完1500字，才早晨6:00。继续工作45分钟，6:45给自己和家人准备早餐，一天才刚刚开始。因为一起床就完成任务，刺激大脑产生完成计划的多巴胺，全天精力充沛，正向循环激励我更高效地完成接下来的任务。

相反，如果起床第一个小时就玩游戏或者刷短视频，那一整天都会迷茫，没有动力学习和工作。

这就是池田千惠在《起床后的黄金1小时》里详细说明的方法，坚持做，空虚感和焦虑感会大大减少。

30

自律不痛苦，假装自律才痛苦

我在健身房遇到一个很有意思的女孩，从进门的那一刻起就变换各种角度自拍，在每一种器械旁边拍照。我跑完步，她拉住我："小姐姐，麻烦帮我拍个照，腿尽量拍长。"

我尽心尽力拍了几张，她喜欢极了，立刻修图配文发朋友圈：自律才自由。

瞬间收获很多点赞。

她开心地举着手机给我看："小姐姐，好多人点赞！"

我问她："你离这儿远吗？"

她回答："挺远的，我开车来。对了，你锻炼出那么多汗，不累吗？"

我说："你开车来不锻炼，只是为了拍几张照片，不累吗？"

她撇撇嘴，不以为然。说，看到朋友圈里很多人发这家健身房的网红器械，还有博主写过打卡指南，于是团购了一张券，拍照发朋友圈，现在流行自律，但是自律太痛苦。

自律不痛苦，假装自律才痛苦；朋友圈的人设是假的，自己的生活才是真的；真实的状态并不累，费劲假装才会累。

真正的自律无须展览，无须参观，唯一的参与者和观众都是自己。

假如“自律”是为了给别人看，立一个积极向上的人设，不仅毫无自由，而且是给生活上了把锁。

第四章

自修

31

戒掉“玻璃心”的两个方法

每个人都有不同程度的“玻璃心”，只是落在自己身上，我们就进行了“选择性忽视”。比如，三四个朋友聚会，如果其中两个一直聊你不懂的领域，你会有被冷落的气愤吗？同事生日Party请了一群人却没请你，你会觉得不被重视吗？男朋友忘了纪念日，你会因此感到他的爱情不够深，进而判定你们根本不合适吗？

“玻璃心”有时是因为太过敏感，有时又是因为太过自满，如果这成了生活常态，会影响我们对事物的判断，也会阻碍正常人际交往。在我击碎自己“玻璃心”的过程中，有两个方法特别好用。

第一个方法：放下“自我合理化”心理，那只会让我们越来越脆弱。

合理化是指当我们实现不了追求的目标时，会找一些理由寻求开脱，安慰自己，掩饰一些不愿承认的事实。这属于心理防御机制，但常常会欺骗自己。

“合理化”表现为三种常见的心理模式。

第一种是“酸葡萄心理”，表现为对目标求而不得时故意贬低目标。比如，一个没拿到“优秀”的员工说：“不就奖励了一次旅游吗，那地方一点也不好玩。”

与“酸葡萄”相反，第二种自我合理化的心理叫作“甜柠檬”。为了掩饰真实情况带来的失望，人们往往会自欺欺人，认定自己的是对的，最好的。比如在工作中我们被调到一个边缘部门，为了保全面子而跟别人说，这个岗位有多牛，多么适合自己。

第三种是推诿心理，为了粉饰自己的过失，把原因推到客观层面，或是找人背锅。比如，考核结果不理想就怪领导偏袒其他同事。

在茨威格的小说《一个陌生女人的来信》中，女主角就是典型的“甜柠檬心理”。

女主角在十三岁那年，对邻居作家一见钟情，从此开始了漫长的单恋。作家的一举一动，在她的世界里被无限放大，成了可歌可泣的爱情。她在日复一日的苦恋中度过了青春时光，终于在成年后和作家的生活有了交集。

但作家根本不认识这个陌生的女孩，对于他而言，女孩只是他众多崇拜者和追随者中的一员。

女孩对作家的世界又何尝了解过呢？一直以来，她只是在不断粉饰作家在自己心中的形象。真实情况是，她花了半生爱慕的作家，是一个生性风流又极端健忘的花花公子，他习惯对所有女人施展魅力，却不愿负一点责任、做一点牺牲。

当女孩终于意识到自己的“甜柠檬心理”扭曲了作家的真实人格时，她的“玻璃心”根本无力接受这样的事实，于是她继续选择了自欺欺人。

她独自生下了和作家的孩子，并且消失在他的生活中，她想让自己成为作家钟情过的无数女人中独一无二的一个，让他永远怀着爱情和感激来思念她。

想象得很浪漫，而实际上，她却需要不停周旋在各类声色犬马的场合才能勉强维持生计，甚至孩子生了重病，她也无能为力。

直到最后，她在临死之前，在已经死去的孩子旁边，给作家写了这封长长的信，然而她浓墨重彩的一生，在作家的脑海里，始终没能唤起确切的形象。

虽然生活中很少出现这么极端的“自我合理化”的例子，但不论是“酸葡萄心理”，还是“甜柠檬心理”，还是推诿心理，都会影响我们对人对事物价值的真实判断。只有先停止自我粉饰、自我安慰，敢于面对事实和真相，才是戒掉“玻璃心”的基础。

第二个方法，增强“钝感力”，避免不必要的“情绪劳动”。

日本作家渡边淳一在《钝感力》这本书中建议现代人：不要对日常生活过于敏感，培养“迟钝的能力”也很重要。缺乏“钝感力”的人容易给人留下“玻璃心”的印象，他们常觉得生活很丧，一点小事就会触发崩溃的开关。

对此，美国社会学家阿莉·霍克希尔德给出了这样的解释：除了体力劳动和脑力劳动，还有一项同样艰辛的付出被忽视了——“情绪劳动”。

一开始，情绪劳动只针对那些对面部表情有特殊要求的职业，比如，导购员要付出“热情”的情绪劳动，护士要付出“耐心”的情绪劳动，法官要付出“冷静”的情绪劳动。

后来霍克希尔德教授在《组织中的情绪》这本书中，把“情绪劳动”的范围扩大了——“不管任何工作，只要涉及人际互动，员工都可能需要进行情绪劳动。”

情绪可以分解成两个维度——你的真实心情是怎样的，叫作情绪感受；你表现出来的情绪是怎样的，叫作情绪表达。“情绪感受”和“情绪表达”之间的差距越大，你付出的“情绪劳动”成本也越高。

关于情绪劳动，有两点需要特别注意。

首先，成本过高的“情绪劳动”会摧毁我们的生活。美国加州大学的两位心理学家研究了20世纪五十年代某所女子大学的毕业照，他们把150名学生的笑容按照肌肉特征分成了“泛美式微笑”和“杜胥内微笑”。前者指像泛美航空的空姐一样礼节性的微笑，后者则是发自内心的微笑。

他们追踪研究了这些女性半个世纪的人生经历，得出了这样的结果：真诚微笑的女性比礼仪化微笑的女性能够更大概率地获得并维持满意的婚姻。很显然，礼仪化的微笑让女性付出了更多的“情绪劳动”。

其次，“情绪劳动”不一定会有回报。就算你细致耐心地跟客户周旋了一个星期甚至更久，也很可能签不到订单。回报不理想带来糟糕的情绪感受，这时候最容易“玻璃心”发作。

在“玻璃心”发作之前，通常有两种解决办法。

一种是改变情绪表达，假装开心，隐藏真实的情绪。于是，“情绪劳动”的成本，随着“情绪表达”和“情绪感受”的差值增加而变高了。一种是改变情绪感受，自我宽慰，触发正向的情绪。这样，“情绪劳动”的成本也会随之降低。用上面那个与客户周旋一个星期，却没有签下订单的例子来解释：心理上承认这次业务没成，承认自己感到沮丧，但这次业务并非一无是处，它让我们接触到一种新类型的客户——决策犹豫而缓慢，下次再遇到这类人，我们就知道怎样去处理，这次失败其实是一次经验积累。

你看，梳理情绪的过程，正视问题和困难的过程，就是瓦解“玻璃心”的过程。要想避免不必要的“情绪劳动”，就要从调整“情绪感受”入手，尽量选择“对事情更积极的看法”，增强生活中的“钝感力”，拉近感受和表达的距离。

虽然我现在从事着写作的职业，看似感性，但我特别感谢当年在报社十几年的记者和广告部主任经历。记者的采访并不总是愉快，写负面报道时几乎全是阻力与阻挠，解决障碍完成采访就是戒掉“玻璃心”的过程。而在广告部主任这个销售岗位上，销售数额和利益纠葛是具体而现实的，这让我明白：在该挣钱的时候踏踏实实挣钱，才能在该体面的时候妥妥当当体面。

32

毁掉一个漂亮女孩有多容易？

我所认识最漂亮的女孩，出现在20年前的一次饭局上，她像明星一样好看。

漂亮给她带来很多便利，轻易获得普通女孩很难得到的机会：

她做销售，日常吃吃饭、喝喝茶，工作就搞定，追求她的男孩很多，她也享受被捧着的状态。

5年以后我又见到她，她还在饭局上吃吃喝喝，但是又冒出一两个比她更年轻的女孩，看得出来她暗戳戳和别人较劲。

再见到她就是前两年了，我与朋友逛街，当时根本没有认出是她，她对我的朋友微笑招呼擦肩而过，朋友问我："欸，你怎么没说话呀，她就是××，那个大美人啊！"

我很意外："她和年轻时变化太大，以前多……精神。"

我不忍心说她现在苍老而平凡。

朋友感慨：她就是生得太好看，吃尽漂亮和年轻的红利，工作上敷衍，感情里挑剔，总感觉什么人什么事都配不上自己。年龄大了，机会少了，脾气更坏，生活更不如意。

美貌在很多时候是美人的陷阱。普通女孩遇到的困难在人生的前半段，自己咬咬牙闯关，能力增强，还学到了很多技能；漂亮女孩的困难大多在后半段，尤其是迷失在自己美貌中的女孩，她总是选择容易的路走，结果把容易走完了，剩下的就只有艰难。

我认识的女孩里，最漂亮的那个层级，活得并不是最好；而中等漂亮的那个层级，反而活得更好。为什么呢？因为她们没有美到能走捷径的程度，还得踏踏实实看书，学习，依靠自己。

这个世界上，没有捷径，捷径都是最远的路。

所以，即便长得不漂亮，女孩也可以活得漂亮；即便没有先天精致的五官，依然可以通过运动、化妆、自信和独立的收入，让自己越来越好看。

33

以霹雳手段，显菩萨心肠

有位读者小妹妹，刚工作，周围总有人打听她家里的底细，经常有意无意地问：你父母做什么？房子在哪里？怎么进的公司？

她是个很厚道的女孩，不知道如何应答，说实话直觉不合适，撒谎更说不出口，问我怎么办。

我让她反问对方“你嘴严吗？”假如对方回答“我嘴严啊”，那就笑眯眯对ta说：“我嘴和你一样严。”

或者笑而不语，不让对方了解深浅，碰一两次钉子，便不会再问。

小妹妹有点不好意思，问：“这个方法怎么听起来是给别人下套啊？”

我说：“咱们得学会用坏人的方法对付坏人。”

我刚工作时，隔壁销售部领导喜怒无常，总是凭借员工和自己关系的亲疏分配业务，但是他从来不敢欺负一位女销售，不仅因为对方能力强，而且是出了名的“厉害”，遇到不公平直接去办公室据理力争，吵完了还在公开场合调侃：“领导你大人有大量，绝对不会因为我跟你吵过架，就给我打差评吧？那人人都知道你是公报私仇啦，你水平肯定没有那么低。”

她这种性格不是每个人都能模仿，但是，我们不要因为自己是“好人”，被“坏人”欺负了就毫无办法。晚清名臣曾国藩原本是文人，不得已置身战争之中，一度为此十分苦恼，知己胡林翼送他一副对联：以霹雳手段，显菩萨心肠。

为人处世需得刚柔并济：“霹雳手段”是做事的方法，是解决问题的本领更加多元化，甚至学会用坏人的方式对付坏人；“菩萨心肠”是做人的风格，考虑问题的初心有善意，从不存心构陷谁。

在复杂的世界里，首先要拥有保护自己的能力。

34

投资认知，看准趋势

作为一个碳水和甜品爱好者，我平时喜欢探索各类新品和新店，为了多吃一块面包，我甚至愿意多跑两公里步。在过去十年里，我们身边习以为常的甜品店，映照出了社会经济和用户需求的变化，而每一次变化带来新的规则，有人借助趋势实现了爆发式的增长，也有人忽视了趋势，停在了上一个路口。

畅元是我十年前最喜欢的一家甜品店。它开在市中心，人流量大，天然有区位优势。它的面包和甜品在原料上很下功夫，店内拍照也好看，兼具品质和环境，价格与其他烘焙店相比要高出不少。不过，这也筛选出了它的顾客群体——追求个性和生活品质的城市白领。

畅元的老板在媒体圈有些资源，让朋友们在微博上发照片加个定位，很快就通过口碑营销迅速积累了一批稳定的客源。

没过多久，公众号兴起了。本地有一些烘焙店很快开通了官方号，常常发布新品推荐，文字和图片都很美丽。这个阶段，有两家烘焙店的公众号做得比较好，一家叫银杏，一家叫蓝风铃。银杏会经常在公众号里做优惠活动，顾客从线上领券去线下消费，带动不少客流。蓝风铃不只会对线上用户发放优惠券，对于到门店消费的顾客，结账时还会邀请扫码进群，同时加赠一个面包。

群里每天晚上有一次特价秒杀活动，秒的是当日没售罄的面包，都很新鲜，价格却是五折，因为这项活动，蓝风铃基本做到了每天零库存。因其“绝不卖隔夜面包”的品牌形象以及务实的价格，群里的老客户们开始自发地、不断地推荐新用户。

当银杏后知后觉开始做社群的时候，顾客在蓝风铃那边已经培养出了消费习惯，加上其稳定的品质和不断更新迭代的产品，复购率也很高。

半年后，银杏和蓝风铃的客户量有了显著的差异。而这半年里，畅元的老板始终没有关注公众号和社群这些新趋势，他坚持认为，只要有匠心做好产品，只要店面经营好，就足够了。畅元毕竟在三家里最早起步，用户数量具备一定先发优势。短时间内，还不至于被超过太多。

时间来到2016年，这个局面被彻底打破。

蓝风铃入驻了外卖平台，真正把线上业务当成一个独立板块做了起来，前几年积累下的社群和服务号的用户，天然成为蓝风铃在外卖业务的第一批客源。大家发现，过去订生日蛋糕要去门店里翻蛋糕册子，而现在可以用手机挑选直接下单，速度快到当天晚上即可送到。买面包更方便，不需要一次买好几天的量囤货，当天买当天吃，新鲜又便捷。

这无疑是用户消费习惯的又一次转变。

不到两年，蓝风铃的用户量激增到了50万。银杏紧跟其后，也做了线上业务，但因为做得晚，且社群规模不大，用户量在20万徘徊。

再看畅元，由于始终缺乏对客户群的运营，以及对线上业务的始终犹豫，加上完全不懂逐渐兴起的自媒体，逐渐沉寂。疫情更给了只做好线下店生意的畅元最重一击，门店客流量锐减，只保留了原本市中心的店面，其余全部关闭。

蓝风铃、银杏、畅元都是我很喜欢的甜品店，如果单从品质和味道的角度，这三家相差不大。但为什么短短三四年，蓝风铃把其他两家远远地甩在了身后，做到了当地市场份额第一呢？

关键在于蓝风铃看准趋势，快速行动。

随着自媒体的兴起，它做了品牌公众号，把线下的顾客往线上引，建立社群。再通过各种营销活动，把线上的用户往线下带，促进购买，形成了一个小闭环。

第二个趋势是外卖业务的兴起。数据显示，中国的在线外卖用户量在2016年是0.63亿人，到2019年已经增长至4.23亿人。

而这两年也正是蓝风铃增长最迅猛的时期，它借助外卖平台把线上业务整体搭建完成，加上之前在社群和公众号的先发优势，实现了市场占有率第一。

再说说另一个品牌，银杏。

如果说畅元是因为没有把握好趋势，而被瓜分了市场，那么银杏就很“委屈”了——它也抓住了趋势，也做了线上线下业务结合。

是因为晚了一步吗？原因当然不止于此。

先发优势固然是一种优势，但在具体经营的过程中，更考验商家对于顾客反馈的揣摩，对顾客所处环境的理解，以及做出的反应。

蓝风铃在这一点上更为突出。

之前有一个顾客在蓝风铃的社群里抱怨一包吐司实在量大，自己一个人住，吃三天也吃不完，扔掉太浪费。紧接着有人说果酱也很大瓶，吃两次腻了，放在冰箱里，再拿出来就过期了。看似很平常的几句吐槽，却引起了蓝风铃老板的关注。

他在公众号里发起一个问卷，用来收集顾客的年龄、性别、职业和买面包的场景。几十个社群的问卷结果回收上来以后，顾客群体的画像一目了然：百分之五十是未婚女性。她们早上没时间在家做早餐，就用面包代替。有时下午工作累了，会点一份甜品。她们不喜欢加了很多料的面包，因为不利于控制体重，更爱选择全麦面包或是法棍、吐司。

蓝风铃迅速对产品做出调整，把高克重面包全部减产，增加了很多轻量产品，比如三片装的吐司，迷你小法棍，小罐的果酱和奶酪。同时，它考察了全市的写字楼，并从中筛选出人流量最大的三个，在其旁边开设了三家分店，面积不大，但出货量大。

其实，不仅是蓝风铃的面包“越做越小”，过去几年里，你可能也有所感知，很多东西都在变小，这背后的大数据十分惊人，比如：迷你微波炉销量增加了970%，迷你洗衣机销量增加了630%。有一些专做迷你小家电的企业，也借势崛起。

从现在的视角往回看，我们很容易看出，那个时候正是“一人经济”崛起的初期。根据数据，2018年中国成年单身人口超过2亿，到了2021年，这个数字是3亿。

所有的趋势，首先是商业模式的创新，带来了全局性增量。当供需出现失衡的时候，红利出现。比如，当我们开始用小程序购物时，大部分商家还没有意识到它的价值。而提早看到趋势的少量商家，就会享受到较大的红利，比如蓝风铃。

企业是这样，个人也是这样，如果希望人生持续盈利，能够支撑起自己比较自如的生活，也需要不断提高投资认知，提高对趋势的敏感度，提高判断的准确性，从中寻求新的机会。

一个人一生能经历的趋势转变是很少的。抓住了，当然很好；没抓住，也不用气馁。更多的人是在趋势成形的过程中，慢慢反应过来，然后快步跟上。

虽然我是一名作家，似乎只需要在电脑上打打字，可是，如果没有把握住公众号的兴起，如果没有加入短视频的拍摄，肯定无法让更多读者了解到我，了解到我的书。而我本来只会写书，无论做公众号还是拍视频，都是新挑战，虽然经历了那么多不顺利，却为自己打开了新窗口。

有一次，我无意间在某个App上看了自己的学习轨迹，四年一共上了108门课，听了615本书。作为职业写作者，学习是我工作的一部分，我有机会比其他大多数职业的人有更多时间和精力研究知识和趋势，这是莫大的幸运。

这篇文章看似从头到尾讲了赚钱和商业，一点都不宁静淡泊。可是，人的自在究竟从何而来呢？不是对什么都不计较，而是认知能力和财务能力都达到了不错的阶段，不再活得局促。

当我们不知道该投资什么的时候，就去投资自己的认知吧，这是唯一稳赚不赔的理财产品。

35

争取利益的三个关键

我以前很不好意思谈利益，经常吃亏——甚至连“吃亏”两个字都不好意思说，觉得是俗气，自我安慰这叫大气。

这个想法糟糕极了，因为几乎没有利益会主动摆在面前，所有的方便和权益都需要争取。于是，我逐渐学会了一些方法。

第一个关键，延迟答复。

举例场景：租的房子没到期，房东临时通知你一个星期内搬走。

不用立刻答复，礼貌告诉对方：这个消息很意外，因为合同没到期，你需要思考24小时，第二天答复他。你用争取来的一天，列清楚自己的条件，比如找到新住处要多久、花费的成本怎么从押金里扣除这些细节。然后变被动为主动，再去找房东谈。

很多利益谈判是别人怼到你面前，你既突然又被动，一定要学会改变这个局面。我以前总是很快接招，马上回复。完全没必要——别人给你出难题，你得学会把难题抛回去，延迟答复的本质，就是变被动为主动，想清楚自己的利益。我们得在自己状态好的时候去谈判，而不是在对方很凶猛的时候去接招。

第二个关键，条件交换。

举例场景：同事总是让你扫描复印，帮拿外卖，觉得理所当然，丝毫没有感谢之心。请一定让对方为你做件事，比如帮你带杯咖啡、代收快递。理由说在明处：请你帮我带杯咖啡吧，之前帮你拿了那么多外卖呢，哈哈。

如果对方拒绝，下次绝不再帮 ta。

我从前以为人大多自觉，其实自私者同样多，话不挑明，对方可以始终装傻。

永远不要把自己变成免费劳动力，我们的每一份付出都值得被感谢，都值得交换到同等的善意、帮助或者酬劳。

第三个关键，留下凭证。

费心费力争取到的条件，请保留文字、语音、收据等各种形式的凭据，不要只做口头交代。一方面，每个人理解不同，没有凭证后面说不清楚；另一方面，不排除有些人就是爱钻空子耍赖。所以，一定学会保护自己，留下凭据，或者有见证人，才是谈判的结果。

就像和老板讨论完工作任务，之后要做的第一件事是什么？

是先复述一遍。

特别重要的任务，打印一份，请ta签字确认。

这就是“对齐”理解，“校正”结果。

善良是修养，也是自我保护。日常生活里，会存在一些人，利用自己的低底线，任意从善良明理的人手中攫取利益。我们需要掌握一些具体的方法，不必让ta们得逞。

36

找准优势，降维打击

我刚毕业时应聘一家著名的广告公司，竞争异常激烈，尤其创意、策划、文案这类创造性很强的职位。我斟酌了自己的条件，把简历投向秘书岗位。

为什么？

当时有两个思路：

第一，我的学校不是“211”当中的强校，我虽然中文系毕业，拿过不少写作奖项，但是和同样竞争文案岗位的名校毕业生相比，没有绝对优势，可是，我的简历放在秘书当中，就很出彩；

第二，秘书是总经理身边的岗位，假如我的能力和才华足够，他一定能很快发现，等于换个方式争取机会。

笔试面试都很顺利，我如愿入职。

尤其幸运的是，我和老板非常合拍。“秘书”是综合岗位，和所有部门打交道，我有机会参与创意、营销、客户等各个部门的工作。我发现除了写作，自己在资源协调方面挺有优势，这是我之前从未察觉的。公司十几个秘书，我的业绩拔尖，成为升职速度最快的新人。我的老板真诚为我高兴，我直到现在都特别感谢他。

有一次，他问我："秘书岗位应聘者最少，很多心气高的女孩都看不上，你为什么把简历投到这里？"

我坦诚回答："我喜欢公司的氛围，希望自己不要落选，按照'田忌赛马'的思路，简历投给秘书岗位，我入选的概率更大。"

"田忌赛马"的策略是：春秋战国时期，齐国大将田忌和齐威王赛马，用自己的下等马对齐威王的上等马，输了一局；但是，他用中等马对齐威王的下等马，用上等马对齐威王的中等马，这两局都赢了。田忌三局两胜，最终从战略上获胜。

老板说："田忌赛马的策略，可以用在任何事情上。"

比如找工作，大家都想选好的公司和平台，但好的公司和平台竞争特别激烈，对于不是名校毕业、缺少经验的应聘者，或许连面试的机会都得不到，不妨试着用"田忌赛马"的方式去投递简历，用自己的高水平部分，去竞争对方的中水平部分，获得压倒性的优势，这种思维模型也叫"降维打击"。

放弃"专业对口"的执念，从低门槛的岗位开始，找到一个好平台，迅速在社会中定位自己，找准方向——这也是成事的方式。

人生是一场马拉松，不是短跑，起点没有那么重要，首先获得入场的资格，然后拼尽全力，在每一个弯道追赶和超越，达到最远的终点。

37

破除学生思维

当我从幼稚逐渐成熟，处理问题区别还挺大，主要有三点。

1. 做事开始有“目标感”，不再凭自己的感觉，看当时心情，而是懂得用结果逆推行为。

遇到具体的事，我会习惯性问自己：这样做有什么结果？这个结果对我有利吗？对别人有帮助吗？如果这样做，最坏的状况是怎样？

千万别小看“结果思维”，它让我做事不再冲动，懂得“话不说死”和“留余地”。以前我会说“不行”，现在说“我考虑一下，稍迟给你回复”；以前说“我不同意你”，现在说“我的观点确实和你有不同，给我点时间考虑下你的意见”；以前说“这次没法合作了”，现在说“咱们争取下次合作起来好吗？”。

只是换了个表达方式，但让听者心里舒适很多，也不给未来的自己添麻烦。

2. 说话过脑子，不再随心所欲。

我曾固执认为自己就这个样子，坦坦荡荡真真切切，喜欢我的人自然会喜欢，那些不喜欢我的人，才不要去讨好。现在会换个角度——的确不用讨好别人，但也没必要过分直接和不留情面，触怒那些原本对我抱着中间立场的人。毕竟，“喜欢”和“不喜欢”之间，还有很大的中间地带，完全可以用得体的语言和态度，争取这部分人的好感和支持。

所以，假如对方问“这个问题你怎么看？”，以前我立刻劈头盖脸说一堆自己的意见，现在则会先探寻对方：“有些信息我还不是很清楚，你是怎么看这件事？能给我一个参考吗？”——这句话也请你收下，真的很好用，它是一种缓冲和思考，让对方感受到你的慎重和尊重。

3. 学会复盘。

总结自己遇到的事情，处理的得失，再对照从书里看到的案例、观点和原理，不断反省自己。有段时间我很焦虑，还很爱琢磨自己的焦虑，其实治疗焦虑最好的方法就是“具体”，把注意力集中到当下，从身边最小的、最具体的事情做起，哪怕是拖地擦桌子，也能很快分散焦虑。这个方法不难，很多书里都有，可我明明知道却不用，停在原地焦虑内耗，嘴上还抱怨读书没用，这是自讨苦吃啊。

读书肯定有用，但只知道读书，不会联系和对照，不知道从行为上纠正自己，才是没用。

“学生思维”不是“学生的专属”，“学生气”也不是贬义词，而是在那个青涩的年龄，我的知识和经验有限，眼界和行为也局限。年龄渐长，见多识广，褪去青涩的过程也是一个充满探险和收获的过程。

38

实力强的人，更容易被宽容

女儿上幼儿园时，是我事业最低谷。

那会儿我还在报社，传统媒体下滑严重，每天工作都很忙，但是前途却十分渺茫，我很少接送女儿，其他家长看到我都会说一句：“你好忙呀。”

我因为心虚，就觉得别人在批评我带孩子很少，态度越发谦卑：“是呀是呀，工作挺忙的。”

于是一些爷爷奶奶就会更进一步给建议：当了妈妈还是要以孩子为主，孩子每一个成长期错过就没了，事业什么时候都可以再搞。

我内心委屈，觉得你凭什么干涉我的事情呢？

可是底气不足，做不到理直气壮怼回去，只好低眉顺眼地笑一笑。

逐渐，我养成“不解释”的习惯，只做自己的事。

后来，女儿幼儿园中班时，我的第一本书《灵魂有香气的女子》出版，很意外获得当年的年中新书榜冠军。我变得更忙，接送孩子更少，心情更忐忑，但是其他家长对我的态度反而变了，他们很热情地说："你那本书挺好看，有空给我签个名送朋友。"

我受宠若惊地答应着，内心反思：这种转变是因为别人势利吗？

不能这样说，谁不喜欢有点成绩的人呢？如果我废寝忘食，事业没起色，孩子也缺少陪伴，别人小看我，这是很正常的想法。

一个既残酷又真实的状况是：人大多数时候都会双标，只对实力强的人宽容，对实力弱的人，其实很苛刻。比如扎克伯格每天穿一样的衣服，别人觉得他自律而且很励志；如果其他人天天穿一样的衣服，别人只会觉得他没有衣服穿。

解决任何事情的根本，不是去在意别人的评价，更不是和自己搞情绪内耗，而是竭尽全力增强能力。有句话叫"你弱的时候坏人最多"，未必是坏人多，而是因为你弱，抗风险能力太差，别人有点动静对你都是惊涛骇浪，哪怕一个小机会被夺走，对你都是灭顶之灾。

人实力弱的时候，情绪也更敏感，别人无心的评价都会让你感到针对性。就像稻盛和夫说的："站在一楼，有人骂我，我听见了很生气；站在十楼，有人骂我，我听不太清楚，还以为是他在和我打招呼；站在一百楼，有人骂我，我根本看不见，也听不见。"

与其指责别人苛刻，不如自己爬到一百楼。

然后，噪声就真的消失了。

39

放下精英的傲慢

罗翔老师说过一个意外，让他对命运非常惶恐。那是一次赴美访学，在加州伯克利准备落脚野餐，道路很窄，他下意识踩了刹车，当时不知道为什么要踩，却发现一个轮胎已经在悬崖上。

按正常反应，应该是打方向盘，但是就在刹那，旁边一辆车“呼”的一下开过去，假如打了方向盘，他会被撞下悬崖。

后来回想，如果不是命运庇护，生命就没了，所有梦想和规划，全部烟消云散。

知名记者周轶君也讲过一件事，她的朋友做私人财富打理，接触的都是最有钱的人，周轶君问朋友：“你能不能告诉我，什么样的人能发那么大的财？”朋友说：“有三种人，一种像乔布斯，靠自己发明创造闯出来的企业家。第二种是继承遗产，第三种是高级打工，在麦肯锡这种高档场所办公。”周轶君又问：“他们有什么秘密，赚那么多的钱？”

朋友回答："他们三种人都有一个共性，那就是幸运。"

我有一个略悲观的想法，运气某种程度上决定了人生的70%，努力更像给运气一个交代：你选择我是对的。

勤奋当然重要，可是世界上一定有人具备乔布斯的才华，但不见得有乔布斯的成就和财富。人不但要努力，还要有纯粹的运气。假如过分夸大个人努力，认为个人的成功全部是自己奋发图强的结果，就会有一种不自觉的傲慢，认为弱势群体或者不够成功的人，都是因为不努力，所以不值得同情。

可是，事实完全不是这样。

谁都知道乔丹是最伟大、最努力的篮球运动员，但是假如他不是生于体育盛行的时代，不是生于重视篮球运动的美国，他会有那么成功吗？假如他生在文艺复兴时代的意大利，打篮球一定没有画画受欢迎。

香港电台早在2009年8月就推出一档真人秀节目《穷富翁大作战》，参加节目的富人用5天时间体验贫穷：百亿家族的继承者去当清洁工；40亿家产开玛莎拉蒂上班的律师去奶茶店打工；有硅谷工作经历的上市公司总裁去收垃圾；每天打高尔夫、品红酒的富二代寄居桥洞，自己找短工挣伙食费。让金字塔顶尖上的人一夜落入底层，看他们能不能用高等教育得来的一身本领，迅速搞定生活。

最早半途而退的嘉宾叫田北辰，出生于香港"江南四大家族"之一的田氏家族，哈佛工商管理硕士，服装品牌G2000是他旗下的产业，在全世界有700多家门店。两天下来，田北辰感叹自己大脑退化：“很奇怪，这两天只是考虑吃东西，完全没有别的盼望。完全没力气计划下星期、明年、将来会怎样，只想解决下一餐。”

这次经历带给他许多改变，他不再像别人那样站在高处，认为“社会正在惩罚不读书的人”，他说：“社会是极度严厉地惩罚读不成书的人。”

有这么一句话：离开他人的帮助、命运的加持，我们什么都不是。

珍惜天分的可贵，做好努力的本分，感激幸运的力量，提醒自己保持谦和与清醒，世界上有太多东西劳而无功，太多事情竹篮打水，太多平凡人无法选择，生活中常见的不是“成功”，而是“意外”。

40

别用示弱的姿态去交往

传统家庭教育告诉我，女孩主动表现自己很不得体，会让别人误以为我有攻击性和好胜心。家人要求我温柔谦和，所以，很多年里我都习惯于用无害甚至示弱的方式率先表达友善，博取别人的好感，这种“柔弱交往”让我碰过很多钉子。

比如，我的第一份工作是总经理秘书，可是所有人都把琐碎的行政工作交给我，好像我是整个办公室的秘书。我越谦和、越温柔，工作量就越大，直到有一次我加了通宵班，累得病倒，老板好奇：“我交给你的工作有这么多吗？”

我才说实话。

他说：“筱懿，我的每一任秘书都遇到过和你同样的问题，被全办公室差遣，因为她们都是职场新人。你要记得，人都是慕强的，强者才会让别人意识到‘边界感’，你得大胆表达自己的需求，果断拒绝不合理要求。如果姿态过低，同事不会觉得你善良谦虚，只会认为你好差遣，具备合理的攻击性，反而更会获得尊重。”

我迅速做了改变。

前几年，我参加一次访谈，同场男嘉宾带着不耐烦的表情说：“我看不下去你的书，甚至有些讨厌。”

假如他给我客观的批评和建议，我会虚心接受，而他的话里带有情绪攻击，我马上回答：“喜欢我的书的人80%是女性，20%是懂得尊重女性的男人，你两者都不是。”

我直视他的眼睛，他不回避，我绝不回避。

最终，周围人打了圆场，他也收回了部分傲慢。

有了女儿之后，我特别希望她具备一点攻击性。

礼貌和客气在无礼的人面前就是懦弱，敏感与细腻不应该成为被情绪折磨的理由，相信“你强我也强”是一种自信，唯唯诺诺、任人打发的小女孩从来赢得不了尊重。

第五章

自洽

41

演讲的6个细节

演讲方面我不够聪明，也缺少天分，用了很多笨功夫，倒也总结出一些好用的细节。

1.写好演讲逐字稿。

这是讲得好不好、逻辑是否清晰的基础。

有件逸事，丘吉尔要去发表演讲，到达目的地后，司机为他打开车门，他却没下来，问原因，他说：“请稍等，我还在看我的即兴演讲稿。”

即兴演讲的内容难道不是当场想出来的吗？

不是。很多精彩的即兴演讲，都是事先做了准备，包括设想假如需要自己发言，能够讲些什么。

极少有毫无准备的精彩演说，大多是反复训练的结果，丘吉尔这样的天才也要多次修改演讲稿，才有信心站上台。

2. 熟读演讲稿。

只有读出声你才知道哪些字句很拗口，要换掉；哪些逻辑有问题，要修改；哪些文字没有场景感，缺少感染力，要调整。

书面语和口头语的表达完全不同。比如，书面语要求尽量简洁，完全没有“好的”“那么”之类无实际意义的词；可是如果现场做演讲，又没有字幕提醒，听众很难听懂那些生僻的词。比如：表达“心情紧张”，可以用“坐立不安”，这个词很好懂；但是假如说了“如坐针毡”，就很拗口。

这些内容读出声之后，你会更有语感。

3. 把逐字稿录成音频文件，反复听。

这样做有两个帮助：一是对内容烂熟于心，在一些不适合看纸质稿件的场合，比如晃动的车厢，盯着字看容易头晕，音频文件听起来反而容易；二是模拟第三方听自己的演讲，更能挑出毛病，也能找到优点。

4. 对着镜子做自我演示。

照镜子不是自恋，正相反，是为了看清自己的仪态死角，知道自己做什么表情和动作不好看，于是避免做。

5. 熟悉现场。

重要演讲都有固定的PPT模板、固定背景、站位和提示牌位置，自己提前走一遍，环境熟悉，心里不慌。

6.注重服装和妆容。

没人有义务通过邋遢的外表看见我们闪光的内在，服装颜色和讲台背景不要同色，如果可行，再准备一套备选服装，万一临场衣服脏了，或者和其他嘉宾撞衫，依然有选择余地。

请你相信，假如某人看上去可以很轻松地胜任一件事，那一定是因为ta之前付出了很多努力，只是没有被别人看到而已。

42

三句好答复

第一句：我不太了解。

评论那些我们不以为然的人或者事，不一定要批评，否则太消耗自己的时间和情绪，还会引起不必要的争论，可以委婉地说“不了解”，主动终止这个话题。

第二句：谢谢你发现了这一点。

被别人夸奖时，不用受宠若惊，不必手足无措，也别着急回夸别人，那样显得我们不够自信，好像特别不值得被赞美似的。微笑着跟对方说一句“谢谢你发现了这一点”，感谢ta具有一双发现优点的眼睛，不卑不亢，也很真诚。

第三句：我考虑一下，谢谢你在需要的时候想到我。

对于别人的求助，不用立刻答应或者拒绝，给自己留下充足思考的时间和余地。答应太快，显得草率；拒绝太快，显得无情。这都不是我们希望的结果。

不如这句“我考虑一下，谢谢你在需要的时候想到我”，既得体也谦和。

这是三句很简单的话，我却用了很长时间才学会。从此不仅改变了说话风格，最重要是改变了我的思考风格，让我既能够与对方共情，也不委屈自己。

43

三个重点，提升权威感

亲和力是优点，但是“亲和力”需要和“权威感”结合起来，才是真正的优点。《论语》中说“近之则不孙，远之则怨”，意思是：过于亲近，会缺少尊敬；过于疏远，会产生怨气。

持久的关系，需要一点“又爱又怕”，怕不是害怕，而是内心保持尊重，这就是权威感。

怎样获得权威感？

第一，拥有“核心竞争力”。

“核心竞争力”简单说来就是一个人独特的本事，ta在这个方面特别强，很难被超越，于是ta的言行举止即便亲切，也不会让人小看，ta的低调被解读为“谦逊”。

“权威感”不是凶悍，更不是花架子，而是实力。郭晶晶很温柔吧？ta从来不撂狠话，但是依旧让人尊敬，别人嫁入豪门被看作高攀，而她，那是豪门高攀了她——人家14年获过31个冠军，成就全靠自己，难以超越。

这种实力，才是权威感的基础。

第二，情绪稳定。

有种流行说法，叫“做个没有情绪的人”。

这不科学。是个人就不可能没情绪，“情绪稳定”不是彻底戒掉了情绪，完全没有情绪，而是情绪的震荡幅度没那么大。可以伤心，但是不会伤心太久；可以生气，但不会暴跳如雷；可以敏感，但不会喜怒无常；可以焦虑，但能够自我开解。

情绪稳定是对自己和别人的支撑，代表着一种确定性。“权威感”恰恰就是确定性，在不确定的世界里，做到相对稳定，这就是权威。

第三，话少，思考多。

假如某个人性格一览无余，被大多数人一眼看透，ta不可能具备权威感。《增广贤文》里有句“贵人语少，贫子话多”，意思是：重要的人物平日里废话很少，更没有精力搬弄口舌是非，说话必定言之有物；而话痨通常废话连篇，甚至喜欢挑拨离间。

说话太多，留给做事的时间必然减少，成事就难了。

而权威感，也来自“把事情做成”的能力。

44

两个技巧，让反应更快

与人交谈中，怎样快速反应？既能迅速接住别人的话题，也能化解尴尬。

我不是天生敏捷，经常口拙。仔细观察那些机智的人，发现他们很有技巧。分享两个特别好用的技巧。

第一个技巧，延长反应时间。

我们为什么没法迅速做出反应？因为大脑中没有思考出答案，于是需要争取到更多的思考时间。

20年前，我参加一次培训，讲师来自新加坡，经验非常丰富，他向学员提问："如果你作为讲师，被问到一个很难回答的问题怎么办？"

大家窃窃私语，各有各的方法。

最后，讲师给出的答案特别智慧。他说："你问的问题很好，我想听听大家的意见。A同学，你怎么看？嗯，很棒！B同学你怎么看？嗯，有道理。C同学，你呢？好的，大家的看法都有各自的角度，我来谈谈我的观点。”

看出来了吗？他最大的技巧，其实是为自己争取了思考问题的时间，有足够的思考，才能想出答案。延长反应时间方面，我还有一个技巧，就是重复对方的话。挑选对方刚刚说过的一句话问他：“欸，你刚才说自律不是完全靠意志力，这个观点让我很触动，你能详细讲讲吗？”

对方在回答你的时候，其实你已经争取了更多时间让自己思考。

第二个技巧，把不好接的话题抛回去。

马伊琍在颁奖典礼上被主持人陈蓉问：“想和张国立老师演父女、夫妻还是情侣呢？”这个问题有点刁钻。她的回答是：“那得问国立叔叔啊，你想跟我演什么样的人物呢？”

你看，她把这个问题抛给了张国立老师做选择，很尊重对方，没有自己擅自决定。

另外有个典故，宋美龄和丘吉尔关系不好，因为她觉得丘吉尔在二战中对中国的态度不够友好，结果两个人在开罗会议相遇。

丘吉尔问宋美龄：“夫人，你是不是觉得我是个很不好相处的老头子？”

宋美龄回答：“请问您自己怎么看？”

丘吉尔说：“我自认为不是个坏人。”

宋美龄微笑：“那就好。”

宋美龄同样把话题抛给了对方。

我们之所以觉得接不住对方的话题，是因为潜意识觉得自己有回答的义务，有接住这个话题的义务，其实并不是，我们同样有不接话题的权利和绕过话题的自由。

快速反应不是一朝一夕练就，大量的阅读和交谈功夫倾注在背后。

反应慢也并不是缺点，“快”与“慢”有时只不过是不同的风格。

45

正确接受善意的3个原则

我特别害怕欠人情，曾经有两个并不得体的行为：

一是，别人送的礼物，我会记下礼物的价值，尽快回赠一个等值的；

二是，我不愿意找人帮忙办事，觉得这是打扰和麻烦。

其实，这些做法对真正的朋友和真正的善意是错误的。原因有三个。

第一，立刻回赠朋友等值的礼物，等于把友情看成了“一借一还”，是坚决不肯占对方便宜的意思，也暗暗表达了不想让对方占到自己便宜。

第二，千万不要立刻回礼，那等于是说你忙不迭地不愿意承朋友的情，而且她的礼物让你觉得像个烫手山芋似的，太急切要还给对方，这挺伤人。

有句话很形象：你送ta一颗糖，ta立马回赠你一颗枣的人，可以合作，但不适合做朋友。

友情比商业关系温暖、松弛得多，“明码标价立即偿还”，这不是礼貌，反而是疏远。

第三，如果回礼，不必回完全等值的，甚至比人家的礼物还贵重很多，这未必是尊重，反而让人很下不来台，因为送礼不是攀比。

我8月3日生日，两个好朋友是八月底和九月初，我回礼通常是她们送我礼物的7～8折左右，平时多请吃点饭，分享小物件，并不拘泥只在生日互赠礼物，关系保持了很多年。

我以前觉得善意就是有来有往，而且把礼貌和得体看得太重，后来，经常有朋友说我高冷，我想了很久恍然大悟：人与人之间长久的亲密，不是等价交换那么刻板，这会显得既功利也缺少人情味。

坦然地给予和接受，力所能及地帮助，有分寸地彼此麻烦一下，才是真正随性的友情。

46

倒金字塔结构：说话有重点、有逻辑

以前做记者，我经常使用“倒金字塔结构”写稿，简单地说，就是把最重要的内容放在最前面，比较重要的放在第二段，最不重要的放在最后一段，整体构架像一个倒立的金字塔，内容的重要程度逐步递减。

“倒金字塔结构”同样可以用在对话中组织语言，讲话立刻变得重点突出、不啰唆。

举个例子：好友问《甄嬛传》好不好看，你怎么回答？

“倒金字塔结构”会这么说。

第一段，这部剧挺好看。这是最重要的结论，放在最前面说。

有些人讲话让听众干着急，就是因为他们把结论放在最后，推论的过程又很啰唆，让人瞌睡。一定记得把结论或者目标放在最前面，比如组织开会，必须提前说明，这次会议的目的是什么：总结一周工作，还是讨论年会方案？结论和目的通常是一段话最重要的内容，所以最先说。

第二段，解释《甄嬛传》讲了哪些内容、为什么好看。

可以尝试这样组织语言：这是最经典的宫斗剧，但是不俗气，既有友情幻灭，也有“girls help girls”，既有职场斗争，也有人性的深度分析，最难得是人物刻画立体，华妃、皇后、安陵容这些经典反面角色，也都有血有肉有苦衷，观看代入感很强。

第三段，结尾。

写新闻讲究“凤头、猪肚、豹尾”，开篇要像凤凰头一样惹人注目，中间要像猪的肚子一样信息量大，结尾要像豹子的尾巴一样有力。但是，日常对话当中，我建议结尾给自己这段话做个总结，同时还给对方留下一个话头，避免你说完了之后，别人不知道从哪里接话。咱们回到《甄嬛传》好不好看这个问题，可以尝试这样说：

“总之呢，我觉得这部剧蛮值得看。对了，你看到别的评论怎么说？打算去看剧吗？”

用这种结构说话，既抓住了重点，也有自己的观点，同时还给别人留下了接话的空间，让对话能够继续——会聊天的人，通常都不给话题“打死结”，而会留下别人能接上的伏笔——“你看到别的评论怎么说？打算去看剧吗”，这句话就是伏笔。

熟能生巧，用久了你会发现，“倒金字塔结构”不仅锻炼了说话的能力，更升级了思维的能力。

47
扮演一个自信的人

你是原生性格很自信的人吗?

我不是。

很久以来，我在扮演着一个自信的人，直到演得越来越久，入戏很深，终于真正自信起来。

法国心理治疗师弗雷德里克 · 方热在《医治受伤的自信》中提到一个观点，叫“演久成真”（fake it until you make it），一直假装，直到你做到。我原本认为只有内心强大后，才可以找到自信，弗雷德里克医生的观点很不同：人完全可以先在行为上表现出自己拥有某种特质，进而通过获得他人积极的反馈，影响我们内在的状态和认知。

简单说来就是：先模仿你想成为的状态或者人物，模仿久了，真实的你就是那样。

当我扮演“自信的人”时，会问自己：真正自信的人怎样说话？

第一，语速放慢。

日常对话的语速通常是每分钟240字左右，受过专业训练的播音员借助字幕辅助，可以达到每分钟320字也能让别人听清楚。假如平时语速太快，就会给人留下仓促、不自信的印象，所以，我从纠正语速开始训练语感。找一篇500字左右的文章，可以是《人民日报》上的新闻稿，用手机录制朗读，算算自己一分钟说了多少字，调整语速的快慢。

为什么选新闻稿？因为新闻稿通常简洁明确、逻辑性强，读久了自己说话也会变得简明扼要。读完新闻类的稿件，如果希望继续优化表达，可以再读经典的散文、看访谈类节目和辩论赛等等，观察不同场合下不同性格的人如何自信地表达，潜移默化被影响，逐渐形成自己的风格。

第二，戒掉语气词。

“嗯”“啊”“然后”“那个”……不说语气词后，不仅语言清爽，也会显得更有信心。“今天天气很好，我的心情也跟着愉快起来。”假如把这句话加上很多语气词：“今天这个天气啊，很好，然后我的心情呢，也跟着挺愉快的。”多加的语气词毫无意义，还把一句话破坏得七零八落。我们平时可以用手机录下自己和好朋友自然说话的状态，把语气词和口头禅找出来，立刻停用。

第三，短暂的停顿。

我以前总是急着把话说完，急切之下语速容易变快，造成大脑反应跟不上嘴的状况，嘴上还在说，但是脑子里的内容已经供应不上，造成啰嗦。然而，若每句话之间停顿两三秒，给自己留出思考时间，想好一句说一句，不仅语言干净，也显得说话更有分量。

第四，熟练运用“123法则”。

用逻辑梳理方式，把复杂内容分成“1、2、3”三个点，逐条去讲，语言清晰度立刻提升，别人更容易听懂，也会更觉得言之有物，连带着判断讲话者很自信。

当我扮演“自信的人”时，也会问自己：真正自信的人有怎样的举动？

ta们肢体语言很稳，不会有太多小动作；眼神平静平和，敢于直接迎上别人的目光；无论个头高矮都保持抬头挺胸，从不含胸缩背……这些外在可以通过运动、形体、照镜子或者录视频纠正，但真正自信的人，ta们的内核是：接纳并且喜欢自己，与缺点和谐相处。

舒淇有段很有趣的采访，她说：“自信也是‘装出来的’，走红毯的时候，你还是会特别不自信，觉得这衣服到底好不好看，拍戏也会质疑自己适不适合这角色，自信是因为很多不自信的累积，必须要把这些东西克服掉。”

怎么会呢？她可是舒淇啊，红毯上松弛自在盛放着的独特花朵。但是，她也会去假装一个自信的人，直到真正的自信撑破不自信的网，在最外面开出花来。

你看，扮演出来的自信和笃定，在得到他人的积极反应后，的确能帮助我们真正提升自信。

实际上，男人比女人更擅长“扮演自信”，他们为了被周围人群、被社会接纳，体现出男子气概，更多地进行了自我包装和假装自信。2010年的一项研究佐证了这个观点。研究人员在探索自信的性别差异时发现，自信水平在男性和女性身上并没有显著差异（Johansson-Stenman & Nordblom, 2010），表现得“迷之自信”，也只是男性为了适应社会习得的伪装而已，而信心上的差异却成了男性薪资水平更高的原因之一（Risse, Farrell, & Fry, 2018）。

“看上去自信的人”未必更自信，名人未必更自信，男人未必更自信。

自信不是天生的，而是后天培养和训练出的素质，你我皆可通过调整、学习与阅历而拥有。

48

问清对方动机

回答别人的问题之前，先问清楚他的动机，不把自己陷入被动。

比如，别人问你下班了有没有事，不一定是想约吃饭，也许是想让你帮他搬点东西。你说没事，那正好。

别人问你假期准备出去自驾旅行吗，你说是的，他说正好也想出去，正好拼你的车。

同事问你周末有没有安排，你说没有，他说刚好自己要参加朋友婚礼，请你代为加班。

很多问题回答得太快，会陷入尴尬。

所以，我们在回答问题之前，先问一句："你有什么事情吗？"等对方说出具体事由，要搬东西，想拼车，代加班，我们再回复，能给自己避免很多麻烦。

我的第一份工作是总经理秘书，经常有人问：“筱懿，徐总他在吗？我找他签字。”

平时再熟的同事，我都会反问：“你是哪方面的申请需要签字？”对方说明是项目申报、财务核算还是工作总结，我再回答：“你的需求我记下了，稍后和徐总确认再通知你。”

因为秘书的工作不是替员工给老板传话，而是最大限度节约老板的时间和精力，帮助老板提升效率。

还有一类欠缺分寸感的人，会问：听说你爸爸和领导很熟？你有男朋友吗？你们公司过节费发多少？

我们可以直接反问：你怎么想起来问这个呢？

问完安静地看着对方，让ta意识到问题越界了，也表达你的不配合和不愉快。

生活不是抢答题，慢慢来、想周全，更有说话和做事的主动权。

49

多倾听，多提开放式问题

刚做记者时，带我入行的资深记者们分享了一个共识：真正会聊天的人，都不是口若悬河，而是掌握了两个方法。

第一个方法，多倾听。

面对采访对象，倾听和讲话的比例控制在7∶3，让对方说七成，自己说三成。倾听的时候有动作回应，多点头，甚至重复一两句对方的话，让别人感受到你听得很认真，激发ta继续讲下去的意愿。这个方法也适用于陌生场合下的交流，我们刚到一个环境，不了解周围的人与事，多听多记多观察，把更多表达的时间留给别人，熟悉状况之后，再主动表明自己的观点。

有些不善言辞的人，面对话多的人会尤其紧张，说话欲望更低，如果交谈变成了一个人的演讲，对方肯定感受不好。

第二个方法，使用开放式提问，而不是封闭式提问。

这两个词都是新闻学的术语。“封闭式提问”就像填问卷，比如：你是北京人吗？这是你的狗吗？你今天上班吗？这些问题用“是”或者“否”两个字就能结束谈话。

而“开放式提问”得用自己的话来详细说明问题，比如：北京有哪些很棒的咖啡馆呀？你的狗狗毛长得真好，平时喂什么呢？你是做什么行业的呀？我做记者时经常问：你对这件事怎么看？当时发生了什么？很难的时候你是怎么走过来的？

开放式问题的高明在于，它一下把话题延展开了，让别人有话可说，而不是成为话题终结者。

多倾听，多提开放式问题，这不是技巧，而是内心真诚的流露，代表你对别人是关心的，感兴趣的，这种诚恳的态度本身就会受到欢迎。

50

沟通的利他性

有人问牧师："祈祷的时候，可以抽烟吗？"牧师回答："绝对不行，这是不尊重。"另一个人换了个问法："我在抽烟的时候，也可以祈祷吗？"

牧师回答："可以。"

同样的问题，得到的回复却截然不同，可见说话的先后顺序是多么重要，于是有了"沟通的四条黄金法则"：

1. 先说对方想听的；

2. 再说对方听得进的；

3. 然后说你应该说的；

4. 最后说你想说的。

十几年前，我在报社当广告部主任，打算选拔一个女孩做我的副手，她能力很强，给我很多支撑，但资历不够，我按照"沟通的四条黄金法则"尝试着向社长汇报。

第一，先说对方想听的。

任何老板都希望听到业绩增长的消息，我先聊了9—12月广告业务有希望实现大幅增长，他立刻兴致勃勃——我们特别需要注意自己的说话次序，开口之前思考清楚，对方究竟想听什么内容，把对方感兴趣的话题前置。

第二，再说对方听得进的。

我接下来说到业绩增长的具体办法，包括需要哪些人员和政策支持，也提到了那个女孩出色的能力，将对实现业绩帮助很大。这样讲，社长听得进去，感觉要求合理，而不会误解我有私心选择不合适的人。

第三，说应该说的。

接下来，我很自然提到希望选派女孩做我的副手，这是本次沟通的核心，也是完成业绩的重要支撑。我得直截了当说，坦白自己并没有私心，完全出于工作需要，女孩资历上的弱点，可以在业绩数额上给她提更高目标和要求，既公开也公平。

说完，我看出社长没有反对。

第四，最后说你想说的。

这是谈话的收尾，让沟通在融洽的氛围中结束。于是我表态，尽全力超额完成全年销售任务。今天汇报的所有规划，都是为了目标完成得更加顺滑。

社长的状态很松弛，也开了几句玩笑。

几天以后，我收到通知，业务规划和女孩的升职都通过了。

后来的多年中，我听过很多让人恼火的沟通。有一次，我和一位销售说到他的业绩下滑很严重，他马上回答：“因为全行业都下滑，其他公司下降更多。”

我问他有没有办法在逆势中尽量做些挽回，他想都不想说：“很难。”

再好的脾气也很难包容这种态度，面对你的一个问题，ta有十条借口，而且没有一条和主动努力有关，听上去都是“别人的错误，行业的问题，我是无辜的”。

沟通的四条黄金法则，表层看是说话的先后顺序，根本出发点则是“利他性”，先站在对方角度考虑问题，了解对方所思所想，与对方同频共振。再提出自己的要求，证明要求中的合理成分，争取对方的支持，共同达成目标。

第六章

自如

51

怎样把对抗转化成合作

有段时间我觉得自己处处碰壁，进展不顺。

周末说好出去郊游，临出门，女儿却改主意更想待在家里玩“角色扮演”游戏（cosplay）；团队努力了一周的方案，客户却提出更新的想法；董事会上，投资人股东彻底否定了我信心满满的新项目……似乎人人都在和自己作对。我不得不去学习：怎样把对抗关系转化为合作呢？在摸索中发现，很多对抗关系，本质上是思维被限定的结果，转换思维之后能化解很多矛盾，我试过三种思维模式都很好用。

第一个模式：逆向思维，反对不如结盟，和“敌人”做朋友。

在工作中会遇到各式各样的人，有些人合作起来很简单，也有些人相对困难，还有些人，看上去压根儿无法合作，甚至似乎对着来。遇上第三种，正面对抗不仅会造成两败俱伤，也违背了职场共赢的原则。在这个时候，我愿意先给予，先把诚意和价值最大化传递给对方，缓解对抗的紧张情绪，当对立的局面被打开，合作也就有了可能。

前些年，我的一本书在收尾阶段发现书名和另外一位作者重名了，我们的书同名、同时间准备发行，得知消息的当天下午，整个团队都很沮丧，这怎么办呢？我把自己放在对方的位置反复思考，对方改名成本会不会特别大？是不是宣传物料都已经准备好了？如果我来改书名会不会可控性更强？最终，我决定改名。晚上，我和编辑一起开会，重新整理了稿件的内部次序，重新规划了书名，甚至由于这次意外，我们又有了很多灵光乍现的新想法，对这本书的理解层次也更多元，虽然最终将延迟15天左右的上架时间，但这些修改无疑更加优化。

在修改过程中，我接到了另外那位作者从国外打回来的电话，她说自己并不知道会和我的书重名，甚至宣传资料都已经做好，协商是否可以共同解决。我宽慰她，自己已经改了书名，请她按照原计划出版发行。想到同一个书名，说明我俩有默契，虽然调整书名让我和团队多花了十来天，但总比耽误掉两本不错的书“划算”得多。

她很意外，语气诚恳地道谢，在后来的出版与合作中，我们关系融洽，各自的书销量都不错。我也很庆幸这次“逆向思维”，“重名”是意外并不是故意为之，如果带着“凭什么是我改”的执念不让，也不知道对方进度怎样，只会两败俱伤啊。

某些“敌人”只是我们的假想，是利益和目标不同，开放胸怀和心态，把思维逆转过来，很可能就打开了对抗的局面。

第二个模式：开放思维，求同存异，接受差异化合作。

婚姻专家发现，那些比较健康的长期关系，情感类型都是“友伴型”关系，而不是“激情型”关系。一对夫妻，只有30%的部分是基本一致的，另外70%都可能产生分歧，同时也难以改变。正因为每个人都是独特的个体，所以生活中更需要合作，而拒绝差异化，就会和亲密的人陷入对抗的局面。

在《中国95后数据报告》中，有一项“最看重伴侣什么条件”调研，其中61%的女性和46%的男性选择了“三观一致”的选项。只是，三观一致不是非要有着一模一样的爱好兴趣，而是彼此之间能够求同存异，理解并包容对方的不一样。你喜欢看电影，他喜欢打游戏，这不叫三观不合。你喜欢看电影，他却说看电影就是为了装文艺，嗤之以鼻，这才叫三观不合。

在这个前提下，很多看起来不“登对”的伴侣或者夫妻，实际上蛮幸福。比如刘嘉玲和梁朝伟，大俗大雅大开大合，梁朝伟这种文艺男神，放在现实生活中，不是人人都能吃得消。

刘嘉玲在一档真人秀节目中谈到梁朝伟，说大家看到的永远是梁朝伟最好的一面，不那么好的，全被她看到。刘嘉玲的语气中没有抱怨，反而充满了理解和欣赏，她说正是因为这些不被别人看到的特质，才成就了梁朝伟。大到婚礼流程，小到装修琐事，都是刘嘉玲一手包办，被问到在婚礼上负责什么，梁朝伟理所当然地回答："我去享受。"家里装修之前他拖着箱子出门，直到装修妥当了，他再拖着行李箱回去。他不擅长人情世故，陪刘嘉玲一起去参加宴会，别人都在敬酒叙旧，他自己坐在一旁。刘嘉玲却相反，她不疏离人际关系，甚至是社交达人，也没有那么多忧郁，梁朝伟愿意花时间去伦敦喂鸽子，她更愿意投资和拍广告。梁朝伟生日时，刘嘉玲发微博说："爱不是改变对方，而是在旁守候。"她一直尽力守护梁朝伟的天真气，而梁朝伟在采访中，也坦率承认自己对刘嘉玲的信任和依赖，他说："很多事情，我愿意听刘嘉玲的。"

心理学家戴维·史纳屈（David Schnarch）在他的书《充满激情的婚姻》中谈道："成功的婚姻有一个共同的关键，就是能从想要被认可，过渡到想要被了解。"就像刘嘉玲和梁朝伟，一个入世，一个出世，却能在彼此包容和理解中找到合作的方式，求同存异，更能达到三观基本方向一致。

第三个模式：共赢思维，用同理心找到双方利益共同点。

前些年的职场话题，特别奉行"要么忍，要么狠，要么滚"的三定律。说起来好像挺带感，但如果带着这么大的戾气工作，可能已经误解了工作本身的目的。

真实职场的大多矛盾和对抗，一方面是利益，另一方面是人际关系处理不当，尤其是没有恰当把握自己的情绪，或者误解了别人的情绪。

卡尔·罗杰斯最早提出"同理心"的概念，是指：在人际交往过程中能够体会他人的情绪和想法、理解他人的立场和感受，并站在他人的角度思考和处理问题的能力。同理心是一种具备实际操作性的可以后天培养的技能。

运用同理心，分析对抗双方的矛盾点和对抗的真实原因，能够找到自己和对方的连接点，合作就会有更大的可能性。比如：或许对方觉得你能力和经验都不够，拿你不当回事；或许你的存在或所做的事，对对方的利益构成了威胁；更或许就是单纯对你不服气，看不惯你的某些言行。

转换思维，站在别人的角度审视自己，往往会发现对方的情绪其实也有一定的道理。从学生时代开始，我们就在比较和竞争中实现自我价值，常会认为他人的失败才能带来自己的成功，于是把大部分精力投入竞争——这是典型的“你输我赢”的刻板思维。

史蒂芬·柯维很早就在《高效能人士的七个习惯》里，提到了获得公众领域成功的3个习惯：双赢思维、知彼解己和统合综效——每一个都需要他人的配合。职场是一个双赢的地方，个人能力再强，也需要学习合作。即使“同理心”永远无法达到“完完全全的共情”，也能让我们换一个更多维的角度思考问题，换一种更可行的方式解决矛盾。

尝试了各种方法之后，“对抗”依旧无法转化为“合作”，那也没什么大不了。毕竟还有一种关系叫作“无关的淡漠”，没有谁是完全不可取代的，毫无意义的持续对抗就是一种偏执，偏执的人与事，我们尽早远离。

52

巧妙化解尴尬

我遇到过一种人，ta一直说个不停，别人完全插不上话，不能每次都生硬打断，怎么办？

一个很好用的小方法：掉东西到地上，类似钥匙、笔、纸巾之类，自己一边弯腰捡东西，一边开始说话，不知不觉中断对方，而且不生硬也不尴尬，然后自己来终结话题，顺利结束谈话。

如果有人对你发火怎么办？

也吼回去吗？千万别。保持镇定，对方就会逐渐被动和无措。如果发火的人特别无理，你希望拿回控场权，更进一步的方法是：完全不搭理，该做什么做什么，看书、整理桌子，或者拎包出门离开现场，都行。因为对方在用“发火”制造一种她在控场的氛围，你不接招，并且打破这种氛围，就是把主动权拿回自己手里。

问题等平静之后再解决，发火除了制造焦虑，无法处理好问题。

背后议论别人是非，有作用吗？

其实对说话者有副作用。心理学上有个现象叫作“无意识特征转移”——当我们说某人很真诚很善良，听众会下意识把这些特质联系在我们身上。同样，如果有人总是背地里说别人坏话，听众也会把这种负面特质联系到ta身上。

所以，克制背后非议，也尽量不要当坏消息的传递者。

某个重要场合，你突然很紧张，怎么办？

不要咬指甲或者走来走去，深呼吸也没那么管用，我试过有效的办法是嚼口香糖，咀嚼的动作更能化解我的紧张感。因为在进化过程中，动物只有处在安全状态才会进食，所以“吃东西”这个行为就代表着安全，身体会不由自主放松，也能转移掉一部分注意力。

所以，我在演讲或者大型活动之前，都会带块口香糖。

你帮助了对方，ta拼命感谢，怎么回复？

我以前常说：“没关系，小事情，别放在心上。”

这个说法其实不妥，既弱化了自己帮的这个忙，也让对方感到ta的请求无足轻重。

更好用的回答是：别客气，假如下次我有需要的地方，还要麻烦到你呢。

给彼此关系一个伏笔，让对方有主动回馈你的机会，而不是只能被动地接受帮助，ta的感受也会好很多。

53

良好的关系 = 开放 + 响应

怎样和别人维持良好的关系？

奇普·希思是斯坦福大学商学院组织行为学教授，丹·希思是杜克大学社会企业发展中心研究员，这对兄弟总结的公式表示为：亲密良好的关系 = 开放 + 响应。

所谓“开放”，我理解为保持信任，没有刻意去防备对方，对彼此都有了解的欲望，不仅了解光鲜照人的那一面，也了解脆弱甚至出糗的事情，相互之间不需要伪装。比如，我愿意向你袒露自己的某个弱点——我有点情绪化，有点爱哭；然后你也向我展现了一个弱点——有严重的社交恐惧症，人多会紧张。弱点“交换”之后，这种不设防的感觉迅速提高两个人的亲密程度，所以，一起干过一点小坏事儿的人，关系往往特别亲密。特别需要注意的是，此处的“弱点”是小问题，而不是大秘密，深层的遗憾和秘密永远存放在自己内心。

密切的关系怎样长期保持？

关键词是“响应”。

这是社会心理学家哈里·赖斯在2007年提出的理论。他认为，好关系的关键是“我们互相能够响应和感知到对方”，“响应”由三个层面组成：

第一层是理解，你了解我，而且你还了解我怎么看待自己，什么东西对我最重要，我又讨厌什么；第二层是接受，我想要什么，我是什么样的人，你需要对此表示尊重，即便你并不认同；第三层是关心，在我需要的时候，你能够为我提供力所能及的帮助，这种帮助是主动并且乐意的，不是被迫，或者出于某个功利目的。

没有“响应”就没有好关系。

听上去也太简单，这难道不是明摆着吗？还真不是。

实际上，我们恰恰因为不懂这个道理而没有处理好很多关系。就拿了解这件事举例，很多男人一到情人节就困惑，为什么送的东西女朋友都不喜欢？不对味源于不了解，他不清楚自己的女朋友究竟更喜欢买包还是旅行；甚至都不能接受女孩喜欢买包，认为这是爱慕虚荣，其实在女性看来，包更像个可以随手拎着的房子，装进了大量必备和隐私：口红、钥匙、纸巾、香水、记事本、卫生巾……

因为不了解和不接受，很多男性表达的关心不在点子上，执意送女朋友一只颜色奇怪的口红，或者一本书，那人家就是不开心啊。

亲密良好的关系 = 开放 + 响应。

其中“开放”是信任，既了解对方的优点，也知道对方的缺点；既愿意让对方看到自己优秀的正面，也敢于把自己平凡甚至阴影的侧面展现给对方。

“响应”则代表着理解和接受，即便对方持有与你不同的观点，你也并不想去纠正，不把自己的喜好强加给ta，给出恰当的关心。

54

健康人际关系的6个特点

怎样判断一个人是否值得交往?

这个问题困惑了我很久，后来，读了美国心理学家亨利·克劳德《他人的力量》，豁然开朗。他总结出健康的关系具有6个特点。

1. 总会主动想到为彼此做点什么。

双方都会考虑对方的需求和利益，这是健康关系的基础，当遇到一些利益矛盾时，都会主动去想“怎样对我们两人都有好处”。而不是伤害对方，只为自己争取利益。

我觉得这是所有关系的基础。这几年我创业特别忙，最好的朋友总是率先联系我，她说我更忙，所以她应该更主动、更为我考虑。我心里的温暖感，是很难用语言描述的。

健康的关系里，一定是两个人都不自私。

2. 彼此的交流善意而真诚。

这些年，我放弃了很多关系，因为我无法在对方面前真实表达自己，假如我不附和、不赞同，ta就会生气。而健康的关系，你能感受到：ta会努力试着去理解，而不是站在自己的角度大肆批判你。

3. 尊重彼此的原则。

能让我敢于拒绝和说不的关系，才是真实的。

比如我不喜欢说废话，珍惜自己的时间，不爱聊别人的隐私，对方需要尊重我。我也会尊重对方的规则，哪怕这个规则在别人眼里有点奇怪。

我们绝不会故意侵犯，或者想要控制对方。

4. 情绪独立。

20多岁，我交往过一个非常强势的男朋友，他要求我时刻跟他共情，假如他不快乐，我就有责任想尽办法让他开心起来。这可太难了，我愿意安慰他，但难以承担他所有的情绪问题。健康的人际关系里，彼此的情绪是独立的，不会把责任推卸给对方，也不会替对方承担所有责任，因为我们根本就负担不了。

你没有义务总是逗乐别人，没有义务总为别人的负面情绪收拾烂摊子，人应该具备让自己快乐起来的原动力，而不是等待别人救赎。

5. 适度依赖。

这条和独立并不矛盾，健康关系里的“独立”和“依赖”原本就是并存的。

适度依赖，是指当双方有需要时，敢于向对方求助，而不是怕对方嫌自己麻烦，什么都不敢说。

比如，步入老年后，我父亲变得有些悲观，他总对我欲言又止，希望我主动发现他的需求并且满足，这太难了——我们的年龄、生活节奏完全不同，我再细心也无法注意到他的所有需求。

我俩认真谈了一次，我说：“爸爸，你是我最亲近的人，有什么事直接说，我也会很直接，能做到就做，有难度我会尽全力努力，实在做不到，我就老老实实告诉你。”

爸爸回答：“你太忙了，我不好意思打扰你。”

我气笑了：“然而你憋在心里，又觉得委屈。”

自从我们说透之后，爸爸变得松弛很多，他敢于对我提要求，我也敢于答应或者拒绝，关系亲密融洽，而不是客气生疏。

6. 感受到成长。

你觉得自己变成了更好的人，对方也是。

这是良好关系最重要的表现和收获。

稻盛和夫说：“学会用离开的方式善待自己。离开某些人不是因为他们不好，而是因为跟他们在一起，我的状态不好。如果对方很容易激发我的脆弱、焦虑和不安，而我又无法改变，离开才是最好的选择。”

我曾经花费大量精力去维护和很多人的关系，而用这6个标准衡量之后，我变得更通透，真正理性地判断对方是否值得交往。

身边人来人往，关系都是流动的，老友或许走散，新人也能带来惊喜，简单、健康的人际关系，才是幸福的基础。

55

结交“贵人”的4个方法

第一，摆正自己的位置和价值，成为一个“利他性”很强的人。

人与人之间是价值交换，人格上当然平等，但是资源上并不平等。要清楚自己“有什么”和“缺什么”。年轻女孩拥有时间、精力、潜力和情绪价值，缺的是资源、资金、信息和机会，所以，请在“贵人”面前充分展示优势，想清楚自己能为“贵人”做什么，再去向“贵人”提出要求。

我有一次向某位互联网大佬请教行业问题，很坦诚地说，我在女性内容方面研究很多年，假如他需要，我可以提供这方面的信息。于是我获得了自己希望了解的答案，彼此成为朋友，他出书的时候我也给了一些建议。

还有一次，我收到一条短信：“李筱懿老师您好，我是××的学生，看到您和我的老师对谈，很精彩，希望能结识您，后面还得多多向您请教。”

这样的信息很难获得互动：且不说他的老师为什么没有推荐他认识我，我从他的话里丝毫没有看到结识的意义，只看到了被麻烦和打扰的可能性。

有时，别人的潜台词是：请问你能为我提供什么？

第二，彻底放弃用美貌结交“贵人”的念头。

有两个原因。首先，任何女孩都不可能用美貌打通关，用了第一次，就会用第二次，世界上没有不透风的墙，当这个名声传出去，结交“贵人”的行为就会彻底变味。其次，不是只有男性才是“贵人”，越来越多的女性凭借努力与才华成为行业领袖，她们同样是“贵人”。假如某个人有用美貌社交的历史，就会彻底失去女性“贵人”的支持，谁都警惕没有底线的人，女性更不想将一个年轻漂亮还没底线的潜在对手招揽到身边——啊，我说得可也太坦诚了。

第三，不势利。

千万别觉得只有比自己有钱、有地位、有名气很多才叫“贵人”，世界上“扫地僧”很多，有些人看起来不起眼，但了解ta背后的人际网络吗？知道ta有哪些至亲好友吗？清楚ta走到今天的路径吗？

“花无百日红，人无千日好”，即便今天是光芒四射的“贵人”，明天也有可能意外摔跤，成为普通人。而生活很长，大家都有起落和沉浮，不要戴着有色眼镜去结交“贵人”，过于势利既会暴露自己的浅薄和功利，也必然失去对方的友善和好感。“贵人”也有低谷，在ta失意时给予真诚的关心，ta东山再起将对你另眼相待。即便ta就此沉寂，曾经给予你的帮助和交往也值得铭记。

我观察过身边走得很远、很稳、很好的人，大多人品优秀、不过分功利。

第四，有耐心。

自己的能量越强，能够和别人交换的价值就会越多，接触到的“贵人”等级和数量也就越高、越多。

“向上社交”的本质，是有耐心把自己变成最大的“贵人”，然后再用这个高价值的自我，去遇见更优秀的人。

在这里，我特别感谢生命中的一位“贵人”——陪伴我13年的大李姐，她早已超越“家政”的身份，成为我的朋友和亲人。

假如没有她的帮助，我无法兼顾家务、孩子和工作，她是给我支撑最大的人之一，虽然并不是世俗意义上的“成功者”，但对于我，她无可替代。

这也是“贵人”。

56

不轻易原谅

我从前很容易原谅别人，大事小事只要人家说句“对不起”，我马上就会接：“啊，没关系。”

结果呢，我是出名的“好好小姐”，谁都觉得我的利益无足轻重。

我的改变是从15年前做了销售团队负责人开始的。当时我们一位销售被其他部门抢业务，对方钻了规章的漏洞，我们其实有充分理由夺回客户。结果，对方来道歉了，说：“筱懿姐，对不起，我们确实跟这个客户上下更默契，下次我们就注意啦。”

我反问：“什么叫‘下次’，这次怎么解决？”

你猜对方说什么？她说：“我们都道歉了呀。”

利用“道歉”以退为进，抢到真金白银的业务，我们不吃这种亏，我说：“刚才的道歉毫无诚意，你就是在摆出一副‘你看我都道歉了，你还不原谅我，那就是你气量太小’。说白了，你是用所谓的‘道歉’来道德绑架我。道歉是你的事，接受或者拒绝是我的事，我现在没有准备好接受你的道歉。但是对于这项业务，我提出解决方法：第一，销售业绩计入我们团队名下；第二，绩效提成算入我们团队的伙伴。”

结果，对方说了句让我现在都记忆深刻的话：“李筱懿，你可真不像个爱读书的女人。”

我被气笑了：“瞧你这话说的，好像我读书就是为了受欺负一样。对不起，我读书多是为了变得不好欺负。”

最后，我们状态神勇，夺回客户。

既是因为确实有道理，也是因为那种死磕到底的状态。

这件事的坏处是，我从此变成别人口口相传不好惹的人；好处是，来招惹我的人越来越少。

我对结果很满意。作为销售团队负责人，不维护自己团队利益，以后谁愿意与你共事？谁遵守规章制度？这是一个“道歉”能解决的问题吗？

人不要太容易原谅，那样会使你变得无足轻重。

金星老师说：“人不犯我，我不犯人；人若犯我，礼让三分；人再犯我，斩草除根。”

在关键利益上，别说“没关系”，别摆出与世无争的淡泊——有能力获得却主动放弃，这叫“淡泊”；不争取就放弃，这叫“懦弱”。

人可以淡泊，不可以懦弱。

57

太懂事，容易被辜负

我小时候特别乖，父母为我的听话骄傲，长辈也夸我懂事。

有一次，妈妈的同事带着女儿来做客，小姑娘看到我最喜欢的洋娃娃，马上表示：想要姐姐的娃娃。我不同意，小姑娘立刻哭起来。然后，我妈像那个年代绝大多数父母一样，让我拿出“主人翁姿态”：送给妹妹吧，你是姐姐，要乖要懂事。

她自作主张把我的洋娃娃送了人，我哭了很久很久，因为这个娃娃每天都陪我睡觉。

成年后，我读到一个故事：主人养了两只小狗，一只不听话还喜欢咬东西，另一只特别乖，如果不得已要抛弃一只，猜猜他抛弃哪只？

更乖的那只。

主人的理由是：至少有人会捡它。

看到这句，我的眼泪哗啦下来了。有句话说：后来才知道，脾气好的在受气，善解人意的在体谅，会照顾人的没有人照顾，会哭闹的有糖吃，太懂事的没人心疼。

这不是抱怨，而是现实。

后来，我也有了女儿。她从小不爱叫人，非常害羞，总是友善看对方一眼飞快低下头，无法像别的孩子一般落落大方地称呼“爷爷奶奶叔叔阿姨”。

长辈都说“这样太不懂事”，我禁止这么评价。

每次带她出门遇见熟人，我会主动解释：“女儿很害羞，她总是把善意放在心里，话很少。”时间久了，大家都理解。女儿逐渐长大，越来越开朗，初中之后，她也可以神情舒展地招呼别人。

我常对她说：“要讲道理，但不必太乖太懂事。”

心里委屈就说出来，不想做的事不用过分勉强自己，更别为了一句“你真懂事”的夸赞就放弃利益。每个人都有标准，我见过很多懂事的女孩，自己扛起所有责任，却被认为理所当然。

比较大的概率是：太懂事的女孩，容易被辜负。

结尾，分享一位妇产科医生的总结，她说：“多年观察下来，病人里办事干脆利落的大多一人前来无人在意，娇滴滴什么也不会什么也不懂的，家人万事包揽伺候周到。”

58

为什么有些人，总在关系里处于弱势？

有位读者问:“筱懿姐，为什么我总在人际关系里处于弱势呢？”

在交往中总是受委屈和被动，我观察到的最重要的原因是：缺少自己的原则和底线，别人怎样对待她都行，刁难、欺负或者无意间的伤害，她好像都可以接受。

人与人之间的关系不是一回定型，而是在很多次的沟通和交往当中不断试探，甚至是博弈。回忆一下，学校的同学、单位的同事、身边的朋友，包括自己的伴侣，刚认识的时候是不是都客客气气，礼貌周到？谁也不会在第一次见面就欺负你，为什么相处一段时间，你就处于下风了呢？甚至只过一两天之后，别人就敢不尊重你了呢？

因为对方发现你几乎没有原则。

或者说，你的底线弹性太大。

我的一位好友给她丈夫定了个规矩：不允许自己之外的任何异性坐在副驾驶。她认为副驾驶是太太或者女朋友的专座。而她丈夫是个大大咧咧的直男，觉得妻子小题大做。

但是我的朋友坚决不让步，甚至有一次，丈夫的女同事搭顺风车坐在副驾驶，她看到之后，礼貌而坚决地对丈夫说："××，你护送女性回家是绅士风度，只是下次邀请别人坐在后座，因为副驾驶是我的座位，我介意其他女性坐在我的位置。"

直男丈夫和女同事都有些尴尬，别人也觉得她"不大气"，可是因为她的坚持，丈夫最终认同了。

早睡早起的习惯我保持了9年，坚持下来的确很难。

有一次与几位专家线上连麦做节目，原定21:00结束，但他们说到兴头，22:00依然没有收尾的兆头。于是，我礼貌打断："看到各位聊得很开心，但我有早睡的习惯，现在已经精力不济反应迟缓了，不如我先离场，你们接着尽兴探讨。"

大家恍然大悟超时了，但他们决定继续讨论，我礼貌退场，彼此都坚持自己的原则，也理解对方的选择，都不勉强，这就很好。假如我不走，强打精神继续留在现场，脸上一定掩饰不住烦躁的表情，违背自己的心意还打扰了别人的情绪，这才是真正的双重损失。

态度可以有弹性，底线不能有弹性。

设立自己的标准，与做个善良体贴的人，并不矛盾。当标准被触碰，我们必须学会表达自己，很多时候别人不是冒犯，而是不清楚你的标准。

总是憋屈，就会堆积委屈；总是原谅，就会遇到背叛；总是理解，就会碰到刁蛮；总是迁就，就会遇到顺杆而上；总是退让，就会被拿捏；总是调整底线，就会在人际关系里处于弱势。

小情小事可以商量，原则问题寸步不让，不仅是针对某个人、某件事，更是让所有人看到自己的态度：这样对待我，是不可以的。

59

成年人的友情，进度不会太快

20岁，我有个很大的缺点——架不住别人对我好。

别人展露一分真诚，我恨不得双倍返还；别人掏心掏肺说了一句真话，我必然投桃报李，说出一串真话。我能防备“坏话”，却对“好话”和“真话”毫无抵抗力。

那时，我做老板的秘书，守口如瓶是职业要求，但是，我却在一件和自己相关的事情上犯了大错。一天下班后，空旷的办公室特别适合酝酿情绪，一位女同事对我敞开心扉，话题从明星八卦，聊到自己的爱情和未来规划，推心置腹无所不说，气氛特别真诚。都烘托到这份上，我的舌头自然没打住，开始披肝沥胆说真话，无意间透露一件小事：因为经常加班，我比其他员工多了一项交通补助，每月多拿几百块钱。

我以为这次谈话早已翻篇。

结果却是：不到一个星期，所有人都知道我多拿了几百块钱，包括老板。这原本不是大事，却是一项典型的小特权，同级别的其他员工意见很大，大家都是聪明人，平时不多言语，但是在工作配合这些层面，态度就变得很微妙。很快，老板把我叫到办公室，狠狠批评一顿，并且取消了这项福利。

毛姆说：“你要克服的是你的虚荣心，你的炫耀欲，和你时刻想要冲出来、想要出风头的小聪明。”从那以后，我留意到真正聪明的人，往往是不动声色的，甚至是有些慢热的，她们不会特别多话，更不会快速对人肝胆相照，因为恰当的距离感和神秘感，是对自己的保护。

成年人的友情，不会那么迅速，总要经过一些时间检验，磨平了心灵的棱角，才能沉淀出信任和安全，才会彼此吐露心声。

轻易对你敞开心扉的人，也容易对别人无话不谈，友情的进度条，宁可调成0.75倍速，也不要陡然快进到2倍速。

60

再好，也有保留；再差，也能顾惜

曾经，有两个女孩一起进了我们公司，在同一个部门，形影不离无话不说，好得就像一个人。

可是，一年后有个晋升机会，两个女孩之间只能选一个，好朋友立刻变成竞争对手，过往交心的话成为攻击对方的语言，从前互相吐槽的秘密成为打压彼此的武器，友情的小船瞬间翻掉。

结果是，一个女孩离职，另外一个大约觉得没趣，不久也离开了。

曾经，我有两位朋友，我们仨常常一起吃饭、聊天，虽算不上知己，但也十分融洽。

友情终结于她俩一起创业：折腾两年，公司倒闭；十年友情，一朝破碎；分道扬镳，是用几乎撕破脸的方式。其中一人拉着我痛斥另一个人：蛮横、专断、低智、品行恶劣……我没有回应，也不知如何作答，偏偏被要求站队。

好在，另一个没有这样。

她到我办公室坐了会儿，遗憾地说："以后没法三人聚餐了。"我问她恨不恨那位决裂的朋友，她答，不恨，恨对方就是恨当年的自己，"恨"是一种剧烈的情绪，泛泛之交"恨"不起来，所以，"恨"的人必然以往也对你有巨大情谊。

始终，她没有说对方一句不是。

我心内感慨：在一起好得像连体婴，都不如分开时留些口德。

五年后，恨意满满的朋友事业和生活仍然停留在原地；不恨的朋友却已另起事业，这一次，她做得风生水起。

谁能够预测一段关系的好坏和长短呢？

情分变淡有时因为距离，有时源于利益，有时甚至是些自己都说不清的原因。生活就像一列火车，他人是过客，自己才是故乡，极少有人能陪我们走一生，能走一程已是缘分。

所以，人与人之间再好也要有所保留，这是智慧；再差也得有所顾惜，这是善良。

第七章

自然

61

最差的时候，暂时别打扰任何人

有一只小猴子受伤了，把伤口给别人看，路人看到都表示关心。

结果一有人来，小猴子就扒开伤口给他们看，大家也都叹口气很同情。小猴子以为会得到帮助，可是路人们短暂停留之后，就像什么也没发生过，继续赶路了。最后，伤口由于一次次被扒开，导致感染，小猴子就死掉了。

这说明什么呢？只有你自己才知道伤得有多深，伤口不在别人身上，别人无法体会你的痛苦。

读者问我："筱懿姐，你老笑嘻嘻的，没经历过什么难事儿吧？"

怎么可能没经历过，但我为什么要把它说出来呢？还说给不相干的人听？

我曾经很多次被问："为什么当作家？"我说报社业务断崖式下降，我处于类似"失业"的状态，我还尝试做生意，结果失败了卖房子还债，最穷的时候手机里没有100块钱。

父母知道我曾经那么惨，都是五年以后了，我妈说："你怎么不告诉我们呢？"

我说："告诉你们干吗？要你们用养老金还债吗？"我是个成年人了，虽然那时很惨，但我想当个体面人，自己的难处先自己消化，暂时不打扰任何人，包括父母。

心理学上有个词语叫"过度依赖安慰"。

祥林嫂是典型，见人就诉说。有些朋友会觉得，我有一个痛苦，我讲给你听，就能被分担掉一半。其实不是，把痛苦重新诉说一遍，强烈程度可能增加一倍，因为又一次经历了痛苦。当然可以寻求帮助，但要找有能力提供帮助的人，不能找毫无经验甚至比你更焦虑的人，就像我最差的时候如果向父母求助，大概率是全家一起干着急。

最差的时候，暂时别打扰任何人，尝试先梳理清楚自己。

你用来倾诉的每一分钟，都可能是浪费，可以拿去做点积极的事，把自己一点一点从泥潭里头拉出来。

一般的关系，说了没用，别人还得跟你客气一下，问问"有什么要帮忙的"；

特别好的关系，对方的资源和实力，我们都比较清楚，真能帮上忙，就说一说，目测帮不上，干脆别说，"爱莫能助"是种心底的悲哀，我舍不得至亲好友去承受。

62

对意外，保持弹性

2007年我第一次去埃及，因为担心治安，报了旅行团，而旺季房间有限，我必须和团里另外一位陌生的女游客拼房，由于太想去，我答应了。

机场集合时，第一次遇见我的室友。

她比我年长，穿着随意而舒适，妆容清淡，话很少，和气地向我打招呼，我们把登机牌换在一起，落座后，不约而同各拿出一本书：她带的是德国传记作家埃米尔·路德维希的《埃及艳后》，我带的是阿加莎·克里斯蒂的《尼罗河上的惨案》，我俩都很惊喜，准备看完后和对方交换。

经历转机到达开罗的酒店，已是十几个小时后。旅友们疲惫不堪地拿到房卡，迫不及待回房间休息，可是打开门，我俩愣住：客房里堆满各种家具，显然久未使用。

长途奔波遇到意外，我心里无名火起，立刻找导游交涉，导游在前台协调很久没有结果，于是先把他的房间让给我们。他房里是单人床，意味着我们两个陌生女人要在陌生的国家同床共枕盖一床被子，我有点接受障碍，看看室友，她虽然满脸疲惫，却微笑说：

“小姑娘，我睡觉很老实，没有乱翻身打呼噜的坏习惯，能委屈你和我挤一张床睡一晚吗？”

我也笑了：“荣幸啊。”

回到房间，她让我先洗漱，自己整理行李，当我走出浴室，吃了一惊。

房间里弥漫着香薰美好的薰衣草气息，她的行李只占用了一个角落，物品摆放井井有条，处处为我留足空间，床上放着她的丝质睡袍、枕垫和眼罩。

然后，她轻手轻脚去洗漱，生怕动静大了惊醒准备入睡的我。

那一晚，我睡得并不踏实，我们俩都努力给对方留空间和被子，也让自己保持心理安全距离。

坦率地说，这次旅行并不顺利，埃及当时经济落后，治安也混乱，我们穿越沙漠到西奈半岛度假，由政府军队一路护送游客大巴车队，酒店条件时好时坏，客车也常出状况，餐饮完全不习惯，旅行团里经常抱怨。

每当这时，我的室友就帮导游打圆场：“他已经尽力啦，大家出来是看风景和找高兴，旅行本来就是一件有弹性的事情，身体吃点苦，眼睛没吃亏就好。”

奇怪的是，她并不凶悍，却自带气场，每次圆场都很有效。

室友的睡衣和日用都很精致，外衣讲究却找不到一个LOGO，她一点也不娇气，同吃同住12天，她总照顾我，在女王神殿给我拍照，在金字塔下帮我背包，出门还会多带一瓶水给我俩做储备。

我也知趣地反馈，分享有意思的埃及历史，著名法老的绯闻、正史和宫斗，一路上我们都乐呵呵，即便吃坏了肚子也不影响心情。

逐渐熟起来，我才知道，她和丈夫一起创立的公司，规模不小，但是后来，丈夫和秘书结了婚。她带着孩子自己过，每年除了亲子旅行，也单独给自己留个假期。

她说得很轻松，但我不敢猜想她经历这些事情时的心境，她拍拍我的肩膀，笑说：

“女人得有弹性，掉在地上才摔不烂。就像这次旅行，好的坏的都接受，突发的意外的都对付着，才能看到你想看的景色啊，世界本来就和我们想象的不一样。”

我见过很多别人口中的“女强人”，可我丝毫不觉得她们“强”，我甚至感到她们的心太紧绷了，完全没有弹性，对自己和别人都很苛刻，所以，反映在脸上也是硬邦邦的表情。

而真正“强”的女人，内心会有弹性，她没有“一定”要怎样，反而拥有更多选择的可能；没有“坚决”不接纳，反而更让自己游刃有余。

她不抗拒必须承受的事情，比如：暂时或者长期的误解、无法改变的衰老、逃不掉的忙碌、阶段性甚至永久性的贫穷；或者永远不能出人头地的老公，一辈子都考不上名牌大学而注定平凡的子女。

她们很有弹性地接纳生活和想象不同，理想和现实有差距，努力在力所能及的条件下把自己拾掇得好一点。

内心没有被崩坏，脸上才能轻松。

就像我在埃及遇到的室友。

我至今记得她在女王神殿下仰望蓝天与巨石，说：“人与命运死磕是以卵击石，现实像块冰冷的石头，我们像个不自量力的蛋，死命撞上去，石头好好的，蛋碎了一地。可是，假如是枚煮熟的鸡蛋，最多撞出几道裂痕，从此明白此路不通，但不会有玉石俱焚的惨烈。”

鸡蛋熟了，蛋白蛋黄变得有弹性。有弹性，才有保护，不容易碎，也有惊喜。

那年分开，我送了她《尼罗河上的惨案》，她送了我《埃及艳后》。

我们并没有在今后的日子里交集和热络，但感谢时光的弹性和意外，让我们曾经相遇。

63

难伺候，就不伺候

我再也不买难伺候的衣服。

每年最多穿一次就扔进衣柜，还得干洗打理，每个皱褶都要熨整齐，穿上不敢随意动，生怕金贵的面料皱了不好看，恨不能供奉在家里。服装不仅为了好看，更为了快乐和提升生活质量，假如穿起来不仅没让人开心，反而负担太重，必然不是一件好衣服。

朋友和爱人也一样。

最好的友情是“守望相助”，平时各有各的忙，但你需要时，我一定出现，成年人的生活有太多具体的事务需要处理，越年长越无力时刻关注朋友的情绪，咱们是交个朋友，不是请个祖宗。

还有热脸贴冷屁股的恋爱，没必要延续，无须保留对方任何痕迹，好像反复提醒你，自己有多不值得被爱似的。

假如你看到一个特别难伺候的人，还被人前呼后拥包容着，那一定不是因为喜欢，而是因为利益。

64

八面玲珑不是夸奖

一位认识的人找我合作，我说不行。

她秒懂，问："是因为我跟你的好朋友××闹掰了吗？"

我说："是的，她是我最好的朋友，所以我不想跟你走近，也不想合作。"

对方笑起来："你都多大了，还跟小朋友一样学站队。"

结果估计你也猜到了——嗯，对的，我没有理她。

我从小反应比别人慢半拍，也曾非常努力想多学点成熟老到的社会学问，但是失败了。后来读《曾国藩家书》——咸丰八年，曾国藩在老家给弟弟曾国荃写信，大意是：我本来是一个老实人，没什么心机，但前些年在官场学习了一些权术，一方面把自己的心术学坏了，另外咱们这些笨人，用权术的时候往往都让别人看出来，只会让人笑话，有损无益。他总结：我决定这一辈子啊，就老老实实做事，还自己老实人本色。

曾国藩告诫弟弟，假如遇到别人使心眼，你依然要坚持，用这种真诚和笨拙的方式回应他人。

这段话鼓励我度过很多低潮和灰暗，始终相信：拙诚胜于巧诈。

观念不同无非不来往，不必扭曲自己的价值观去迎合。

读《红楼梦》时，我起初欣赏薛宝钗的大气玲珑，多读几遍却越来越喜欢林黛玉，尤其她对身边人的态度。《红楼梦》第四十八回，香菱诚心求宝钗学写诗，和谁都关系不错的宝钗却拒绝了。香菱转求黛玉，别人眼里很难说话的黛玉却答应下来：“既然来问我，岂有不说之理。”黛玉真心真意花了很多工夫教香菱，她不是对谁都有好脸色，但是，对于她喜欢和看重的人，从来不吝惜精力和情分。

宝钗是个“社会人”，上上下下打点得周到，可是无法深交。

作家贾行家老师说过一段话特别绝：什么叫社会人？就是社交手段高明，在尊严上相当灵活，对个人利益的执行和变现能力很强，对道德评价看得很淡，他们相信别人的非议会随着自己的成功而消失。

按照这个标准，我永远成不了八面玲珑的社会人，也不觉得“八面玲珑”是个夸奖。我不喜欢所谓“人脉”的虚假繁荣，始终都有自己的亲疏和爱憎，我相信在人际关系上必须有舍弃，才能获得真正的情意和尊重。这辈子有几个至亲好友，已足够；其他无关紧要的人和事，何必在意？

附《曾国藩家书》原文：

吾自信亦笃实人，只为阅历世途，饱更事变，略参些机权作用，把自家学坏了。实则作用万不如人，徒惹人笑，教人怀恨，何益之有？近日忧居猛省，一味向平实处用心，将自家笃实的本质还我真面、复我固有。

65

总是吃苦，会忘记甜的滋味

“吃得苦中苦，方为人上人”，我一点都不赞同。

我出生在1978年，从小就被教育“先苦后甜”，如果有一箱苹果，先吃烂的，再吃好的；把最好的留在最后，才叫自律。

可算了吧。

现在早已不是父母当年的时代，苹果先从烂的吃，结果就是吃了一整箱烂苹果。先从好的吃，每次吃的，都是所有苹果当中最好的那个。

我有回经过一家面包店，香气可太诱人了，我迫不及待去店里买。结果那天是周末，人特别多，我经历了排大长队付款拿到面包以后，不仅没有因为延迟满足而吃得更香，反而因为等得太累，累到不想吃。那一刻我突然明白，延迟满足这项能力的重点不在于面对事情的时候，我能够忍耐多久、坚持多久，而是经过慎重思考、权衡利弊后，做出正确的判断和理智的选择。千万别把“延迟满足”作为日子苦哈哈的自我安慰，延迟满足没错，但拖得太久，再好的东西都将随着时间的流逝，失去原本的惊喜和价值。

莫言老师讲过一个故事：他有位朋友，妻子刚去世不久，朋友在整理妻子遗物时，发现一条崭新的名牌丝巾，那是他们多年前去纽约旅游时买的，妻子一直舍不得用，想等到一个特殊的日子再戴，可惜直到她去世，这条丝巾的吊牌都没拆。朋友看着丝巾说：“再也不要把好东西留到特别的日子才用，因为你活着的每一天，都是特别的日子。”

是的，每一天都是特别的日子，好看的围巾现在就戴，好吃的餐厅早点去尝尝，想去的地方马上去看看，喜欢的人当下就表白。

总是吃苦，会忘记甜是什么滋味，莫言老师还有一句话：“生活应该是我们即时体验的经历，而不是熬过去的日子，把当下过好的人，未来才能有力气过得更好。”

能力范畴之内，一边付出，一边奖励自己，才是快乐的动力。

66

冷淡的人

我其实是个蛮冷淡的人，只能对很少的人热情，特别理解蔡康永老师的话：一个人一味地热情其实是盲目的。你一定会有大部分的时候是冷淡的，才能够对比出你对哪些事情、哪些人怀抱着极高的热情。

有读者看了钱钟书先生的书，想登门拜访认识他，他婉拒："假如你吃了个鸡蛋，觉得不错，何必要认识那下蛋的母鸡呢？"

对他来说，钻研学问才是最要紧的事，时间和精力都要花在自己的热爱上，自然容不得这些旁枝末节的事情来分心。就算有人想拜访，他也经常客气地拒绝，心意到就好。

曾有朋友拜托我找王立群老师求套签名书，我说抱歉办不到，也没有王老师的微信。她很奇怪："你们直播的时候相谈甚欢，怎么不加微信呢？"

但我觉得，一位七十多岁的老人家，一位活出了自我的学者，生活里多一事不如少一事，通信录多一人不如清净，我有事就托他的编辑转达，始终对他保持着对师长的尊敬，但是，未必需要去靠近。

不打扰，也是喜欢的一种。

冷淡不是冷漠，适可而止的关心，保持距离的礼貌，是应有的自觉。

有事真诚帮助，无事各自祝福，不把自己的想法强加于人，也不随便评论别人的私事。

让冲动冷淡一会，或许失去了“上头”的快感，却能享受平静的力量；对诋毁冷淡一点，能够保持自我空间，收获简单的快乐；对社交冷淡一点，能够把欣赏长存于心，获得君子之交淡如水的长久。

很多关系不是毁于冷淡，而是毁于过度热情。

67

不被理解是常态

某次我的新书上市时，我曾和一位好友分享：看到排行榜上成绩不错，感觉之前付出的努力很值得。

当时，对方表现挺冷淡。

很久之后我俩有点争执，她连同那次的不爽一起说了出来："你以后不要跟我说那些自己变得怎么好的事情，这会让我觉得进步慢，很焦虑。"

我这才意识到，那次的"分享"给她带来那么大心理压力；人对于事情理解的角度和情绪是多么不一样。有些倾诉和分享假如时间不对，会被误解为"炫耀"，而你很难知道，自己说话的时机到底对不对。

再好的朋友，也有不同频的时候。

作家蔡颖卿写道："我觉得人生有几件事是绝对不可炫耀的：一是财富的多寡，二是婚姻的美满，三是儿女的成就。人比起其他动物的不同是文明，是互助的情怀。多寡、美满与成就，没有一定的标准，如果分享是在希望之下，大家相处的心情会充满鼓励；如果表达是种好胜的炫耀，它便一无所值。”

我读到这段时，内心被戳了一下，其实我明白很多人的确只是“分享”，从未想到炫耀，只是开心还是难过，但凡说出口，就会期待别人的反应，而绝大多数人都无法像你一样开心或者难过，别人的反应不能给你带来安慰和共情，甚至又多了一些“她怎么不理解我”的失望。

所以，如果开口，就请做好不被共情的准备。

罗伊·马丁纳说：“我生命中最大的突破之一，就是我不再为别人对我的看法而担忧。此后，我真的能自由地去做我认为对自己最好的事。只有在我们不需要外来的赞许时，才会变得自由。”

假如在别人的目光里找快乐，可能始终悲哀；假如在别人的反应中找尊严，可能始终卑微。

人类的悲喜从来都不相通，人类的反应也从来都不同步。

不被理解是常态，能被理解才是惊喜。

想通这一点，人会释然很多。

68

有教养

易中天老师说："我太太定的家规是，服务员上菜，一定要说谢谢；快递员送货，一定要说辛苦了；司机把我们送回家，一定要行注目礼，车开走了才进门。"

这些举动看起来尊重的是别人，其实表达的是自己的教养。

和有教养的人相处，是怎样的体验？

我第一次参加高考没考上理想的大学，回到高中复读，发现有几本参考书自己没有，于是向已经考上大学的同学借。

同学特意把书带到我家，问："我可不可以把这几本书送给你呢？"

这句话和当时的场景让我特别感动，假如她说"给你吧，反正我要上大学了也用不上"，其实我也不会觉得很丢面子，但是她的话却让被赠予的我心里更舒服。她在给我东西的时候非常照顾我的感受，没有把"赠予"做得像高人一等，甚至是施舍一样。

李鸿章有一次到南京处理公务，路过家乡，准备拜访从前的老师徐子苓。当他身穿官服，一身威严地到达老师门外时，门倌一见这副派头，赶紧准备禀报，李鸿章马上叫住，让门倌不要着急通报，而是换了一身普通衣服，整理完毕之后才让门倌禀报老师。

随从纳闷说："别人读书中榜都以衣锦还乡为荣，您这么做是为什么啊？"

李鸿章回答："如果穿着这身官服去见老师，恩师恐怕要对我行官民之礼。不仅会让他难堪，也违背了我来看望他的本意。便服相见，我们都比较舒服。"

某咖啡店曾有个面试问题：当顾客点了热拿铁，并且告诉店员不加糖，你若是店员，该怎么回答？

获赞最高的答案是——只要回答：好的。

店员不需要向顾客解释"拿铁本来就不加糖"，这是为了避免顾客的尴尬。

教养是什么呢？它可能就是一两句体贴的话，可能是一本书，也可能是一次平等的交流，还有可能是不揭穿的善意。

我很喜欢英国哲学家约翰·洛克的表达："在缺乏教养的人身上，勇敢就会成为粗暴，学识就会成为迂腐，机智就会成为逗趣，质朴就会成为粗鲁，温厚就会成为谄媚。"

69

优雅比漂亮高级

我曾经和某位女企业家（暂且称她为L吧）一起去安徽山区支教，那是一次大型公益活动，每位来自不同行业的嘉宾给山区孩子上一堂课，为了动员更多人关注公益，活动也邀请了几位影视明星参与。活动分成两个环节：第一个环节是到山区小学上课，第二个环节是慈善晚宴拍卖捐款。

给孩子们上课前，我和L一见面就会心笑起来，我们俩撞衫了，都是活动要求的白色T恤和牛仔裤，没有一件首饰，画着淡到几乎可以忽略的妆。过一会儿，明星团队也来了，妆容精致，装饰闪亮，耳环、项链、手表在白T恤与牛仔裤的朴素衬托下，特别耀眼。

主办方善解人意，课上得特别开心，孩子们积极参与，临别时依依不舍，L细心记下孩子们需要的东西，嘱咐助手回去准备好再送过来。

晚上慈善拍卖晚宴，L让我惊艳，长发挽起，一袭简单的白色小礼服，珍珠耳钉，手上一只璀璨的那不勒斯皇后腕表，与上午那个朴素的女人判若两人。

她拍下了当晚最贵的一件物品，主持人让孩子们上台鞠躬表达感谢，她立刻制止，弯腰拉起两个孩子的手，微笑说："未来你们能在学习中有收获，这就够了。"

那天晚上的L，漂亮得像个明星，但优雅得像她自己。

我认识不少很会打扮的女人，L和她们最大的不同是，她从不炫耀，非常注重礼节正确的要求。

很多时候，穿得漂亮并不等于优雅，不得体的"好看"比"不好看"还要尴尬，不分场合的讲究让人感到用力过猛。而优雅，是恰如其分表达善良、体贴和修养，这些体面的举止与漂亮相加，是我欣赏的优秀——优秀的女人不靠璀璨夺目来赢得关注，她们明白"赢"这个词的含义不是打败别人、艳压群芳，而是赢得人心，获得他人的认可和支持。

L曾经跟我说："财富可以继承，有些人一出生就很富有，但优雅不是天赋，更多来自后天的修炼，金钱、门第都不足以生而优雅，内心善良保有原则，举止训练有素，有一定的物质基础，女人才优雅得起来。"

优雅仅仅是穿衣打扮吗？

接触了一些真正优雅的女性之后，我更认同"优雅"实际上是女人对自己的内在要求，用心力支撑外表的气度，用行为约束内心的奔流，她们处变不惊，并不装腔作势，身居高位并不盛气凌人，才华满身并不咄咄逼人，明明可以秒杀我这种路人，却依旧和风细雨，让人相处舒适。

70

做一件让你感到害怕的事

身边很少有朋友知道我是“大舌头”，先天舌系带过短。

舌系带就是舌和口底之间的一条薄膜状组织，假如过短，说话时影响舌头向前伸的幅度，造成口齿不清。小时候，我因为吐字不清晰很自卑，尤其“翘舌音”zh 、ch、sh 、r，还有“舌尖中音”t，我的发音就像漏风一样。加之妈妈是字正腔圆的语文老师，于是我更惭愧，遇到这些读不好的字就放低声音，试图糊弄过去。

11岁，家人带我做了舌系带手术，把系带膜的前端部分剪开，病理问题解决后，口齿按道理会很快清晰，其实并没有，我依然发不清翘舌音，医生对我妈说：“她现在是心理和习惯问题，读到那几个字就害怕，舌系带完全没有障碍了。”

妈妈花了很多工夫矫正我的发音。她用自己备课的录音机录制我朗读的片段，反复听读和纠正；把我害怕的字做成卡片，让我每天重点读；她甚至替我报了朗诵比赛，可想而知我怎么可能获奖，但我敢于站上台，就是巨大的进步。

一年后，我升入初中，新同学再也听不出我曾经是个“大舌头”。

这件事虽然发生在三十多年前，却把“勇气”和“执行力”变成我性格的底色之一，让我敢于做一些自己原本害怕的事，并且思考为什么我会害怕某件事。除了确实水平不够的客观原因，更有主观原因——内心认定自己做不好，有了心结，甚至把这件事看作自己的“能量黑洞”，日复一日自我灌输“我就是不擅长做它”的负能量，甚至不去尝试，就郁郁不得志。

有句话说：让一个人熠熠生辉的神来之笔，往往由那件让她感到恐惧的事促成，假如克服恐惧，就像打开更高阶段的生命地图，将会进入崭新的世界。

42岁，我又做了一件曾经恐惧的事——站到镜头前拍摄短视频。

现在看那批最早录制的视频，自己神情紧张，肢体语言僵硬，说话节奏混乱，甚至妆容和发型也不合适，但总有从生涩到流畅的过程。为什么一定要尝试短视频？因为作为媒体人，媒介的环境已经从文字时代切换到短视频时代，必须掌握更新的表达方法，会拍短视频变得和会写作一样重要。除非自甘停留在上一个阶段不再前进，否则，就得打起精神，适应新的趋势。

为什么必须直面内心的恐惧，去做那件自己曾经害怕的事？

因为我们的时代发展变化太快，如果害怕变化、不敢应对挑战，生存空间将越来越小，任何人都不可能在一个逼仄的小空间里活得自在，《周易 · 系辞下》中说：“穷则变，变则通，通则久。”意思是：发展到极点，叫“穷尽”，任何事情走到尽头，就要“变革”，改变之后才能通畅，通畅才能长久。因此，长久是因为变通，变通是因为穷尽，我们尤其需要具备四种能力。

第一，关注新事物和趋势。

除了疫情这样突如其来的“黑天鹅事件”，其实大多变化都有过程，每天花点时间了解一点新信息，比如经济新闻、行业动态、一首流行的歌、一本书等等，比只关注娱乐和八卦强得太多，残忍点说，再火的明星归宿都是过气，像化石一样被封存在ta的时代。假如我们不去了解新趋势，过气的就是自己，始终保持好奇心，保持敏锐感和流动性，别暮气沉沉的。

第二，从5%的改变做起。

“5%的改变”是心理学者李松蔚老师的观点，他说：“你只想要100%的改变，所以你才被困住了。其实只需要改变5%，生活就会有全新的可能。”我特别认同，想起11岁时为了纠正发音做的努力，都是一个音节、一个字慢慢来，哪怕每天只有1%的进步，长期坚持就是了不起的成就。把难办的问题切分成小计划，长久以往，积累出巨大势能。

第三，有规划，有野心。

“野心”不是贬义词，“野心”更多意味着目标感、规划性和行动力都很强，只有野心没有行动，是妄想症。女孩希望自己过得好，希望实现自我价值，需要“实力+趋势+野心+行动”共同驱动，野心是哪吒的风火轮，让你带点“我命由我不由天”的锋利感，打破停滞的节奏。

第四，不藏拙。

在自己不了解的领域，不懂的、不会的能在他人面前坦然承认不回避。想起我刚拍短视频时总露怯，总想在镜头前更舒展，结果太刻意反而更紧绷。后来干脆心态放平，自己是怎样就真实表达，那么多人愿意指出我的问题是一种幸运，虚心接受迅速改正才能走得更快。

拍了两年短视频，有一次收到一条留言：“筱懿，你声音挺好听。”

一句简单的话给了我莫大鼓励，满心感谢地回复：“不是我的声音好听，而是你的耳朵善良。”

罗振宇说：“成长就是你主观世界遇到客观世界之间的那条沟，你掉进去了叫挫折，爬出来了叫成长。”

感谢那件曾经让我们害怕的事，感谢它让我们成长。

第八章

自愈

71

冷暴力，绝不忍

20岁时的一次恋爱，让我整个人都不好了。

每次有分歧，对方都会冷战——不回应、不明确、不解决。这种冷漠的态度让我着急和暴躁，更加急切地希望解决问题，然后对方就用一种“你无理取闹”的眼神看着我。

他的冷静显得我情绪特别不稳定，我不断反省和自我怀疑，读了很多心理学书籍试图寻找答案。后来，我把这件事告诉一位年长我很多的姐姐，她问：“如果对方打你，你忍不忍？”

我说当然不忍。

她说：“他现在和打你有什么区别？他是在用态度和语言作为拳头，去打伤你内心最脆弱、最敏感、最在意的地方，你为什么要忍他？谁对你冷暴力，你就对他冷暴力回去，同样不搭理，该开心开心，该做什么做什么。”

我当时觉得姐姐的回答和书本很不同，教科书总是解释冷暴力的原因，如何理性解决，姐姐的方式对比之下显得粗暴。

她看出我的犹豫，说："你试试我的方法好不好用。"

我试了，好用。

我不接招对方的冷暴力，他反而失落了；我降低对他的关注度，与朋友、同事多相处，结果发现这个世界上更多人从来不用冷暴力和别人沟通；再后来，我主动和这个人分开。

那段经历让我明白，如果想获得温暖，就去找一个天性温暖的人，不要试图捂热一块冰；如果想收获爱，就去找一个内心有爱的人，不要试图在一颗冷漠的心里，培育出爱。

72 婚姻打工人

很蠢，又很作。

她的丈夫很富有，传统行业企业家通常都忙，工作与应酬三七开，每天有饭局，她比企业家小十几岁，算是小娇妻，零花钱管够。一个忙得不着家，一个闲得心发慌，她便出去供养了一个男大学生。男大学生除了没钱，荷尔蒙管够，还有的是时间，她瞬间找到了打发日子的方式，偷偷给小男友买了辆车，出入兜风，陪小男友的时间比带儿子都多。

天有不测风云，意外出车祸，她逃过一劫，小男友除了大脑清醒，身体重伤。

地下情撞上暗礁，男友全家讹上她："我是在你买的车上出事，你要养我一辈子，否则就告诉你老公。"

她原本还有些微愧疚，毕竟毁了男孩一辈子，越往后越烦——医疗费逐渐庞大，关系已经从情债变成了赤裸裸的钱债。她靠领丈夫的零花钱生活，哪里养得起一个来路不明的重病男人？

她躲着不见，男孩不停发语音提醒，派遣妈妈为代表围追堵截。

事情拖了两年，她濒临崩溃，写私信在公众号问我该怎么收场。

坦白说，大多数时候，别人向我倾诉遭遇，不管多么离奇，我都会努力调动“共情感”，但小娇妻是个例外。

她不是背叛丈夫，而是打着一份婚姻的工，却严重违规，自砸饭碗。

婚姻很像合伙开公司，可是，假如这间“公司”所有资本都是别人单方面提供，流动资金与核心技术也是一方独自支撑，另一方还真没有话事权。

小娇妻忘记了，自己不过凭借年轻漂亮这种“易耗资本”入股，即便得到了合伙人身份，也不过是个平平无奇的婚姻打工人。

打婚姻的工，尤其没有铁饭碗，容颜即逝，能力不济，丈夫能随时再寻更年轻、性价比更高的新人。

张桂梅校长说：“指望男人养，有能耐还拿你当回事，没能耐你连花盆都不是，女人得靠自己的能力。”

我问过小娇妻：“你这么渴望爱吗，这么渴望性吗，你有这么多时间闲着吗？”

她说自己确实闲，一年看不到一本书——那唯一一本书，可能还是孩子的课本。

读书是为了打发时间吗？是为了假装有文化吗？

根本不是，西汉大家刘向说：“书犹药也，善读之可以医愚。”假如能多读点书，这位拿到“嫁得好”入场券的小娇妻，大约不至于有“走投无路”的婚姻困局，她会意识到，婚姻这份工不好打。

她抱怨丈夫不关心自己，但企业家既没有绯闻，也不克扣家用，应酬也没拉着她一起喝酒，这样的丈夫对她来讲已经是稀缺资源。因为她婚姻的需求是金钱和照顾，自己劳动付出最少，经济收益最大。以她丈夫的智商和阅历，他可能早已察觉，暂时不动声色不过是时机没到。

这个时代给了很多人造富的机会，无论是和有钱的伴侣结婚富起来，还是白手起家富起来，都别糟蹋，像守护命运一样护住财富的来源。

亦舒师太也是个很“作”的女人，但她“作”的全是自己的资源，所以有底气说：

“一个女子，必须先凭双手争取生活，才有资格追求快乐、幸福、理想。无论如何要有职业，因而结识志同道合的同事、朋友、对象，届时，可以结婚生子，也可以独身终老，这叫作选择，亦即是自由。”

有选择，才叫自由。

73

格局更大的择偶观

我很怕亏欠。

朋友相处，人家请我吃顿饭，我还没吃完，就盘算着下次请她在哪里吃，要吃更丰盛的，我才安心；别人送的生日礼物，我都工工整整记下来，一定在对方生日还更贵的礼，不是因为我多富裕，而是觉得不能让朋友“吃亏”；还有20多岁谈恋爱，恋人安慰几句，送件小礼物，生病时买了药，都能让我感动得一塌糊涂，时刻想着还回去——其实没必要这么小心翼翼，他做的难道不是恋爱当中应该做的吗？

2010年我的女儿出生了，在陪伴她成长的过程中，我好像从头活过一遍似的，重新思考很多问题，其中包括婚姻和择偶观。

有些男孩在寒风中等你下班，给你送花送礼物，夸你漂亮，或者给你发很感动的信息，都不用成为选择他的标准，因为这些都是低成本付出。容我刻薄一下，有些人不是因为“爱”，而是因为“闲”。假如生命是一棵树，我们得看到树的主干在哪里，而不是那些枝枝丫丫；假如一个人与你分享的是自己最稀缺的资源，那的确是珍贵。而假如人生是一家公司，伴侣就是公司的合伙人，我们不需要一个满足自己虚荣和懒惰的人，不需要只能短期满足情绪价值的人。真正合适的配偶，应该具备这几个优点：诚实的品质，积极学习的态度，稳定的情绪，明确的人生目标，还有谈论别人时流露出的善意和谦虚。

诚实的品质意味着他不至于说离谱的话，不会欺骗你。

积极学习的态度代表着他是开放型思维，愿意自己不断成长，也能够接受你的进步和优秀，甚至接受你在某些方面比他更优秀。

稳定的情绪让他能扛事，去平和、积极地解决问题，遇到挫折不至于迁怒于你。

明确的人生目标未必短期能找到，但假如他始终努力寻找，将成为目标感很强，愿意“成事”的人，无论成就的是大事还是小事，他都有奔头。

至于“谈论别人时流露出的善意和谦虚”，是一个人的修养，也是自知之明，那是善待你的基础。

千万不要小看这几个优点，具备这些特质的人一定不会过得差，即便暂时不起眼，未来也能在同龄人中比较优秀。与这样的伴侣在一起，你的人生将更有意义和价值，减少情感和婚姻的消耗。

尤其恋爱和结婚，不仅是为自己选择伴侣，更是给未来的孩子选择父亲，性格的遗传、习惯的耳濡目染，是后天的教育很难改变的。对方所有的优点和缺点，都将是孩子的第一笔财产，不要让这笔财产从开始就是个负数。

愿每个女孩可以早早明白这些。

74

爱情是热烈的奔跑，婚姻是慢慢的生长

婚姻中有三个真相。

1.恋爱男女的样子，基本是最好的样子。

如果结婚是为了改变对方，期待对方以后更好，大概率是幻想。我说的不是事业，是性格。90%的人婚后因为熟悉和松懈，都不如恋爱时漂亮、勤快、体贴、周到，谈恋爱都挺懒的人，大多数走进婚姻只会更懒。

2.活得年轻又自由的秘诀只有财务自由。

倒不是多有钱，而是你的钱，对于你的生活方式，刚好匹配。爱奢侈请多挣钱，云淡风轻够用就好，这样，我们才不必过度为了金钱去考虑婚姻，能够爱我所爱、恨我所恨、甩我所甩，也能够体会金钱之外的理解和共鸣。

3. 男人的某些才华，比如绘画、音乐、文学，变现成真金白银的希望特别小。大多数文艺男女热爱幻想，踏实挣钱的能力极差，如果因为这些才华爱上对方，请做好安贫乐道的准备。

我很喜欢马克·吐温的话："爱情是热烈的奔跑，婚姻是慢慢的生长。"

比起被瞬间的灿烂惊艳，更难得的是，共同承受长久平淡；比起一见钟情，更重要的是，成长同步，没人落后。

75

付出越多，越难被爱

我曾经非常错误的行为模式，就是在各种关系中都会主动付出，希望用“主动示好”的方式，交换到对方的好评和友善。

朋友聚会，我总是积极买单；亲友生日，精心组织问候语；恋爱里，特别为对方考虑，费尽心思准备礼物，却几乎不提要求。对待陌生人也尽量热情，别人问一句，我回答八句，生怕解释得不够具体。

这种付出，有没有换来更好的人际关系？

完全没有，甚至付出越多，越难被爱。

问题究竟出在哪里？出在希望通过“对别人好的方式”，换来“别人对我好”，固执于“真心换真心”，认为假如什么都不做，别人就不会对我好，我不相信自己存在的本身，就值得被好好对待。

我缺乏“被爱的信心”。

女孩成长道路上很大的心理陷阱，是不断被强化“爱”这件事无比重要，甚至“最重要”，一个被别人爱着的女人，才有价值和意义。

而当女性从小不断被告知成长目标是找寻爱和供养爱，这就成了枷锁——“爱”当然重要，就像呼吸一样既重要也平常，呼吸不需要刻意用力，只要有生命，呼吸就一直在。“爱”也一样，总有人喜欢你，不需要你那么费力去寻找与保全各种爱和关系，总有人因为你天然的状态而赞赏。

假如能这样想，生命的疆界将扩大很多，你也将具备力量去探索更大的世界，而不是纠结于讨别人喜欢。

2012年，刘亦菲参加访谈节目《非常静距离》，主持人李静提起“男孩都喜欢女孩那种特纯、特别空的感觉”。

她满不在乎地回答：“我管他喜欢什么。”

这段采访过了10年才走红，就好像女孩得用很久很久才能意识到：

人最底线的爱，是自爱；只要你依然爱着自己，世界上就不会缺少爱你的人。

76

爱情的新脚本和旧脚本

爱情脚本，是法国社会学家伊娃·易洛斯提出的概念，大意是说，婚恋看上去是个人选择，其实是由社会的经济基础和文化所确定的一种结构性安排。

也可以理解为，社会结构决定婚姻诉求。

所以，如果我们能跳出个人框架，从社会结构上宏观去看，很多问题就容易理解得多。

复旦大学社会学教授沈奕斐在《社会学爱情思维课》中，讨论过新、旧爱情脚本的冲突，还有男女在应用这两个脚本时产生的矛盾。

现代女性一直争取的男女平等，在旧石器时代的几百万年中都是常态，因为尽管男人捕猎的肉类很受欢迎，但女人采集的野果、植物根茎等却是人类更主要的食物来源。

农业社会中粮食种植成为最主要的食物来源，男性的体力劳动占绝对优势，才产生了男主外、女主内的分工。经济基础决定了男人全方位获得垄断性控制，女人成为“第二性”。

所以，千百年来爱情的旧脚本就是——女人要找经济能力好、身体强壮的男性，去养家和繁衍后代；男人要找年轻好生养、贤惠持家的女人，以便延续家族利益。

新脚本是怎么出现的？

同样源于社会发展。第一次工业革命之后，劳动不再纯粹依靠体力，以脑力操作机器也可以创造社会价值。女人对男人的依赖度降低，甚至可以独立工作养活自己，于是社会结构改变，男女平等重新被强调。

女性的爱情新脚本里，出现了尊重、平等、个人审美、自我实现等这些超出物质层面的需求。

当下大的冲突是，我们正处在一个新、旧爱情脚本交替的时代，在两种脚本中来回拉扯。

很多现代女性身上，明显能看到旧脚本的痕迹。

电视剧《完美伴侣》中有位全职太太吴敏，她受过高等教育，自愿选择男主外女主内的婚姻，成为丈夫林庆昆的附属品，这是典型的旧脚本；但她在婚姻中发现全职主妇的价值从不被尊重，于是向往新脚本中的平等和自我实现。

而另一位女主角陈珊，她表面上选择了婚恋的新脚本，自己是优秀能干的律师，一个人拼来家里的两套房，她的丈夫孙磊事业心很弱，无微不至照顾家庭，解除妻子拼搏职场的后顾之忧。但陈珊潜意识里又希望孙磊能像旧脚本里的男人一样，具备足够的事业心，成为家庭的经济支柱，当孙磊无法做到，两人都觉得很累。

同样的问题，也适用于男性择偶。

林庆昆是典型的旧脚本男性，他被妻子吴敏揭竿离婚后开始反思，有个学习尊重的过程。

反而是孙磊，他无限体贴主外的妻子，牺牲自己的理想和机会，嘴上不说，内心里的奉献砝码越来越沉重。即使收入远差于陈珊，孙磊依然觉得是自己在罩着全家。但陈珊意外怀孕准备生二胎，真正需要孙磊养家的时候，他才发现自己不具备挣那么多钱的能力，心底那点旧脚本的"大男子主义"，自卑到痉挛了。

假如男人要求女人既工作又包揽全部家务，女人要求男人既事业成功又当个奶爸，这种"既要……又要……"的要求，都超纲了，无法在同一个人身上实现。

公平的方式是：男女共同承担事业和家庭；或者责权利清晰，一方拼事业一方顾家，两方同等重要。

所以，我们常说女性不要为了爱情和婚姻，放弃自我和事业。

婚姻也许漫长，爱情的保鲜期却很短暂。一旦选择全身心依附于男人，他必然自私甚至无情，这是人性。值得奔赴的爱情，不会成为事业的绊脚石，真正爱你的人，又怎会要求你放弃自我呢？

千百年里都是男人保护女人、女人奉献一生的爱情脚本，想要在几十年的社会发展中完全迭代，几乎不可能。

但是，在未来，幸福的家庭需要在很多方面达成共识和平衡。

无论男女，都不再是一个人完全牺牲，另一个人完全甩手。

77

自我，并不容易找到

1985年12月，戴安娜在皇家歌剧院的舞台上，与著名芭蕾舞者韦恩·斯莱普共同表演了一曲比利·乔的《上城女孩》，据说这是她为查尔斯庆祝37岁生日，精心准备的惊喜。

她秘密练习和彩排，舞伴回忆："当戴安娜出现时，观众们都屏住了呼吸，有点不敢相信自己的眼睛。"

演出大获成功，谢幕了八次，戴安娜甚至向查尔斯所在的王室包厢行了屈膝礼。

可惜的是，这份惊喜对于查尔斯，却成了惊吓，他甚至认为这是"不恰当的行为"。

戴安娜的这组照片一度被封存，直到10年后的1995年，才出现在小报上。

公认的观点是：查尔斯和戴安娜不合适，完全是两个不同世界的人。

戴安娜虽然出身贵族，但成绩实在太差，连高中都没读完，只做过幼儿园的保育员。而查尔斯是剑桥高才生，一本难啃的哲学书就能消磨半天。

但从某种意义上，查尔斯和戴安娜其实又是同一种人。

作为王室长子，未来的一国之君，查尔斯被女王寄予厚望，但他非常缺乏安全感，家庭教师说："他在和人说话的时候，经常会被大嗓门的人给吓到，时常会想要去讨好别人。"

戴安娜也有一个缺爱的童年，在求子心切家庭中降生的第三个女孩，遭尽冷落，6岁时父母已离婚。

她曾在一段采访中提到："我的父母从没对我说过他们爱我，什么也没有，他们只会亲亲我的脸颊，我们之间也不会有任何拥抱，或者其他类似的肢体接触。"

戴安娜和查尔斯同样缺少安全感，都急于在成年后找到一个主心骨来"情绪补偿"。

戴安娜后来说："像所有的少女一样，我有着这样或那样一些希望，就是我的丈夫会照顾我，他会像个父亲一般支持我，鼓励我……"

少女时她误以为查尔斯就是那个成熟稳重、为自己披荆斩棘而来的王子，而王子，其实也是个需要被照顾的孩子。

相似的两个人，不仅没能同命相怜，反倒是当查尔斯看到戴安娜的脆弱，就好像看到了曾经的自己，那个他本能想要逃离的过去。

1986年，查尔斯和戴安娜一同出访加拿大，参观世博会。

戴安娜没吃东西，跟着查尔斯逛了四个小时，身体十分虚弱。她拍了拍查尔斯："亲爱的，我觉得我马上就要撑不住了。"说完就晕了过去。

事后，戴安娜回忆："他一直在责备我，他说我为什么要当着那么多人的面晕倒，为什么不在门后面晕倒。真的太尴尬了。"

一顿责备后，查尔斯继续参观世博会，戴安娜则自行回到酒店，哭肿了眼睛。

所有人都认为她得好好休息，只有查尔斯坚持让她继续参加晚上的活动，以免流言四起，说她真的得了什么严重的病。

寻找庇护的少女失望了，乖巧听话的"完美"王妃，也被压得喘不过气来，最后连她自己都开始讨厌自己："我不喜欢自己，我感到羞愧，因为我无法应付压力。"

一次试错，两次试错，戴安娜不断地试探着自己的下一步该踩在哪儿，才能安全着陆。

终于，她学着放下在婚姻中的卑微和愤怒，放弃对错误的人迎合和讨好，把目光从个人情感转向慈善事业。

1987年6月，戴安娜将她所拍卖的79件服装所得的350万英镑，全部捐给慈善事业。

1991年7月，为了唤醒人们对于艾滋病人的关注，戴安娜亲自与一个艾滋病人拥抱，虽然在王室看来，她的行为是逾矩，但戴安娜在民众中好感倍增。

1997年，戴安娜只身一人来到非洲的安哥拉，走进Halo雷区，呼吁有关国家拆除因战争而废弃在地下的地雷，还百姓安全的生活，直接促成《渥太华禁雷公约》的签署。

这时期的戴安娜，已不是当年的孱弱少女，她日渐成熟，也更懂得运用自己的影响力。

很多人费解，查尔斯为什么在年轻美貌的戴安娜和平平无奇的卡米拉之间，义无反顾地选择后者。有个很有意思的说法是，那些强悍的、独立的、能确立自我的女性才是他生命中不可或缺之重。

女王内心强大，但是奉献给了国家，查尔斯需要另一个情绪稳定、自我明确的女人来帮助他厘清目标，做他的定海神针。

相比之下，当然是卡米拉更适合。

其实我们每个人都在终其一生寻找着自己的人生定位，谁都不是从一开始就能认清自我，确定这一生的追求。

戴安娜不是，卡米拉不是，甚至女王也不是。

从天真脆弱的青春少女，到妥协乖巧的完美王妃，再到歇斯底里的绝望主妇，婚姻破裂后的重生，辗转十几年，戴安娜才找到自己的力量；

卡米拉扛了一辈子第三者骂名，从善解人意的情人到出轨对象，从安分守己的伴妃熬成王后，也是史无前例；

而女王，则被称为“捡漏上位的公主”，因为伯父不爱江山爱美人，她从自由快乐的公主，瞬间变成“女王储”，从此鞠躬尽瘁服务家国，直到生命尽头。

在找寻人生定位的过程中，谁没有过痛苦和迷茫？我们都在不停地修正路线，跑偏，再回来；不断被绊倒，然后爬起来；不断地丧气，再支棱起来。

最后，终于找到清晰的自己。

恍然半生已过。

但那又如何？没有什么比历尽波折找寻到真实的自己，更为快乐和强大。

戴安娜短暂的36年生命中，她从未停止过寻找自我，这或许才是普通人长久喜欢她的原因，也是她的魅力。

78

偏心

家里如果不止一个孩子，父母能做到不偏不倚，一视同仁吗?

很难。

普通人家资源有限做不到，真有皇位要继承，更做不到。

比如伊丽莎白二世和妹妹玛格丽特公主，就是南辕北辙的选择。

伊丽莎白生性稳重，温和又有主见，幼年就被祖父乔治五世看好。1940年，14岁的伊丽莎白在妹妹的陪伴下第一次发表公开演讲，她说："我可以诚实地告诉你们，我们家的孩子充满了快乐和勇气。我们正在尽一切努力帮助我们英勇的水手、士兵和飞行员，我们也在努力分担战争的危险和悲伤。"

之后的四年里，伊丽莎白和玛格丽特每年都会在圣诞节表演童话剧，无论是《灰姑娘》、《睡美人》还是《阿拉丁》，姐姐都负责演王子，而妹妹则扮演公主。

19岁的伊丽莎白在二战服役中接受了卡车司机和机械师的培训，学会了开车、修车、换轮胎，从此一辈子热衷于驾驶。

而相比伊丽莎白是唯一没有驾照就可以开车的英国人，唯一服过兵役的女性皇室成员，唯一接受过更换火花塞培训的女王等等，玛格丽特公主，却是第一个把迪奥裙子穿进英国王室的人，第一个在电视上公开转播王室婚礼的人，400多年来第一个嫁给平民（摄影师安东尼·阿姆斯特朗-琼斯），也是第一个分居和离婚的皇室成员。

电影《罗马假日》里，奥黛丽·赫本饰演的安妮公主，就是以玛格丽特公主为原型。她一生最是特立独行，热爱芭蕾和艺术，是英国国家芭蕾舞团的主席，还是个戏剧行家，几乎每次都能对看过的作品和演员做出独到的评论。

和姐姐伊丽莎白的端庄严谨，甚至老成持重不同，玛格丽特像明星一样，明艳动人，俏皮可爱，是贵族头号社交达人和时尚icon。

在民众眼里，伊丽莎白千斤重担一肩挑，永远在尽心尽职；玛格丽特则始终是一个漂亮却被宠坏了的孩子，甚至常常成为王室麻烦。也许是考虑到玛格丽特会永远活在姐姐的光环之下，父亲乔治六世把更多的爱都倾注给了玛格丽特，公开称赞“她有天使的容貌、娇美的身段和明星的气质”。乔治六世去世后，伊丽莎白自觉地像父亲一样继续宠爱妹妹，继续对她无尽宽容。在玛格丽特爱上比自己年长16岁、离过婚的汤森少校，闹得举国哗然时，伊丽莎白刚刚登基，正是内忧外患的关键时期。

外界传说是女王为了王室颜面一手拆散了妹妹的幸福。但实际上，王室为了成全公主的婚事，甚至准备废止延续了200年的王室婚姻法律，可惜最终，玛格丽特在舆论和教会的压力下自己选择了放弃。

很多年里，在自称It Girl[①]的玛格丽特一手拿着雪茄烟，一手举着酒杯流连于各种鸡尾酒会之时，她的姐姐伊丽莎白却正在焦头烂额地撑起一个分崩离析的落日帝国。

只不过比玛格丽特大4岁，伊丽莎白二世却独自肩负着家国重担。

这些年常被拿来开玩笑的琼瑶电视剧《一帘幽梦》里也有两姐妹：绿萍和紫菱。姐姐绿萍是舞蹈家，她努力为梦想奋斗，是父母心目中的骄傲；妹妹紫菱从小就是麻烦精，学习差，工作不认真，每天做梦。

绿萍疼爱妹妹，自认是她的保护伞，却不知紫菱从小暗恋未来姐夫。结果，绿萍梦碎，不幸在车祸中失去一条腿。而紫菱却迎来开挂的人生，圆了所有的梦，活成集万千宠爱于一身的小公主。

---

① 通常指常现身于主流社交及终日参加派对的时尚女郎，有一种难以描述而让人倾倒的不凡魅力。——编者注

被争议最多的一个情节是，男主角费云帆为妹妹不平，义正词严责备姐姐："那个时候的你，只不过是失去了一条腿，紫菱呢，她丢了半条命啊，更不要说她为你所割舍掉的爱情。"

多么讽刺。

我年轻时的确觉得爱情更重要，但是现在，我人到中年，在腿和爱情之间毫不犹豫保全腿，不是亵渎爱情，而是太明白：只有腿才能为成年人遮风挡雨，只有腿才能走出自己的路。

如果失去腿，成为爱人的累赘，哪个爱人能吃苦耐劳照顾你一辈子？

分明姐姐绿萍牺牲更大，却依旧是妹妹紫菱被保护周全。

男女之情有偏爱，而亲情当中，父母对不同子女的情感定位也不相同：

对长女长兄，是期盼多于宠爱；对幼女稚子，则是疼爱多于责任。

对能力强的孩子，是要求多于去体谅；对能力弱的孩子，则是保护多于求回报。

"小公主"和"小王子"既是家庭身份，也是一种性格，他们从来不缺疼爱与照料；而"大家姐"，同样是一种性格和担当。我的好友高老师说："老想给父母交代，给爱人交代，给孩子交代，给工作和社会交代，结果第一人家不在意，第二浪费太多内心戏，耽误自己真正的快乐。"

我是狮子座，这两年逐渐弱化天生的“大家姐”性格，学到的新本事是：特别心疼自己和认㞞，恨不得分裂出另外一个自我，对本身的自己竖大拇指——你太累了，好好休息和享受一下。

要强、体贴、高付出，这些特质做起来太累，有余力不如偏心疼自己。

79

“活得久了，人生充满惊奇”

2022年9月13日，在希尔斯伯勒城堡，刚刚继任的查尔斯国王签署访客登记簿时，手中的钢笔开始漏水。

“啊，上帝啊，我恨这个！”查尔斯突然生起气来，“我受不了这该死的东西，每次都那么臭！”查尔斯还没注意到自己手指上的墨水，就把笔递给了妻子卡米拉，墨水也流到卡米拉的手上，她平静地擦了擦，拿起一支新钢笔，签上名字，任务完成。

又一次，卡米拉为查尔斯冷静圆场。

距离公开披露查尔斯和卡米拉婚外情的传记——《戴安娜：她的真实故事》出版的1992年，已经过去了30年。

而戴安娜也去世25年。

卡米拉从1971年认识查尔斯，半个世纪过去，各自经历婚姻后，直到2005年才再婚在一起。

假如没有戴安娜付出沉重代价，这段感情会更动人吧。

人人都爱戴安娜，查尔斯却偏爱卡米拉。

结婚17年，俩人合影仍然被捕捉到很多笑容和欢乐，跟查尔斯戴安娜的“同框噩梦”形成鲜明对比。王室评论员们都说，有卡米拉在身边，查尔斯常常显得很放松。虽然经常被放在一起比较，实际上，卡米拉跟戴安娜根本不是一代人，卡米拉比戴安娜年长14岁。

同样出身贵族家庭，卡米拉身为家中长姐，对原生家庭评价很高：“如果人们认为我坚强不屈，那完全应该归功于我的家庭。在我成长的过程中，它给了我无限的关怀和温暖。当我遇到危机时，从来不用担心，因为我的家人总会及时地出来帮助我摆脱险境。无论发生什么，我知道我为人所需，被人所爱。”

而戴安娜，却是在求子心切的家庭中降生的第三个女孩，并不受欢迎，“缺爱”让她单纯以为嫁给王子就能得到庇佑和依靠，可是王子更需要安抚，更爱用逃避解决问题，只有遇到自信、理智、幽默的卡米拉，王子才感到自己算是安全着陆。

戴安娜和查尔斯，几乎没有共同的兴趣爱好。

戴安娜曾驳斥过这个看法，她说自己和查尔斯都喜欢民众、乡村生活、孩子，都对公益事业十分关心。说实话，这些更像“王子和王妃”的工作内容，像同事之间的爱好，作为夫妻，“下了班”不能只谈民众和公益事业。

相比之下，卡米拉和查尔斯交集更多。俩人都热爱读书，卡米拉说："我和他之间最好的一点是，我们可以坐在同一个房间不同的角落内看书。我们不用特别找话题交谈，仅仅是陪伴在彼此身边就会感觉到放松。"

戴安娜不同，她中学没毕业，会考不及格，只喜欢读继外婆写的言情小说——她的继外婆叫芭芭拉·卡特兰，号称"英国琼瑶"。

卡米拉热爱园艺，60岁生日时，查尔斯送给她两只稀有品种的绵羊作为礼物，还特意挑选一批耐寒耐旱的多年生常绿植物，种植在他们的海格罗夫庄园里。

查尔斯更是园艺好手，海格罗夫庄园就是他40年前买下的一块荒废空地，花了半辈子把废墟变成了人人向往的花园。

1997年戴安娜去世时，我19岁，处于刚读完高四准备上大学的暑假，我爸走进房间说："戴安娜去世了。"

我的脑袋"轰"了一下，我的偶像、全世界最让人羡慕的女人死了？

那是我第一次在现实中感到"人生如梦"，觉得是巫婆一样的卡米拉，亲手毁了戴安娜的人生啊。

现在，25年过去，我在现实中喜欢上了一些自己曾讨厌的人，也和一些曾经交好的朋友渐行渐远，思维与过去完全不同。

我依旧喜欢戴安娜，但她的性格的确有非常拧巴的地方。

冯仑说，什么叫拧巴？你是个悲观主义者，却悲观得不彻底。

越缺爱的女孩，越无法解决自己感情的问题。

缺爱是戴安娜的原生家庭自带，而软弱，或许是查尔斯作为王位继承人，被寄予厚望的使命和压力所导致的。

戴安娜的梦幻泡泡破灭之后，她一度歇斯底里，试图挽回，查尔斯都选择了逃避。

他一句“你是不是胖了”，戴安娜便开始疯狂减肥，腰围从2.2尺减到1.8尺；他一句“黑色衣服只有葬礼穿”，她从此刻意避开高级性感的黑色，直到身穿“复仇小黑裙”亮相；直到她发现一切行为于事无补，开始在一任又一任情夫之间辗转迷失。

相反，卡米拉是个完全不拧巴的人，老天发什么牌，她就照着牌面往下打。嫁给第一任丈夫安德鲁是出于理智判断：和查尔斯不可能在一起。

戴安娜去世，她一度成为人民公敌，蛰伏两年才露面；等待八年后嫁给查尔斯，继续被千夫所指，遭到见缝插针的嘲笑和谩骂。

嫁入王室也并非一步登天，上有女王婆婆，下有未来王后儿媳，她在十七年的婚姻里，所隐忍的又何止几句骂名。

半个世纪过去，时间或许证明了，她与查尔斯才是灵魂伴侣，戴安娜是插曲，三个人的婚姻状态，是王室身份造成的悲剧，不是卡米拉本人能决定的。

假如戴安娜的生命没有意外终止在37岁，年龄再长一些，心智再成熟一些，也许一切都会不同。

有足够的时间，才有足够腾挪跌宕的空间，才能等到迷雾逐渐散去，才能让痛苦逐渐变成平静，才能把困顿缓慢踏成坦途。

时间和阅历，本身就是财富。就像《岁月的童话》里那句：你活得久了，就会发现人生充满惊奇。

80

结婚需“划算”

一个平时从不八卦的女朋友，跟我说她前一天晚上没睡好觉。

因为那天深夜快1点，有个很久、很久、很久没有联系的女子，突然给她打电话找老公。俩人的老公一起吃饭，并且都没有回家。

电话里的人问她：“你老公回来了吗？”

她说：“不知道，我出去看看，按规矩，他23:00以后回来自觉睡客厅。”

看完，回复：“没回来。”

电话那头抓狂：“哎呀我家那个谁，也没回来呢，你能不能打电话问问，他们到哪里了？我担心老公。”

朋友这才反应过来：我这老婆当的，老公后半夜还没着家，我居然睡得这么香！

于是打电话过去，听到自己丈夫说：“对方喝多了，马上就回家。”

第二天，我这个不管老公死活的女朋友，特地跟我讲故事：当老婆，没几个比“电话女神”更鞠躬尽瘁，洗衣做饭，做烘焙，带孩子，发朋友圈讴歌丈夫。

听上去夸张，但“电话女神”多年前就打定主意，她不需要工作和自我，她希望工作只是自己的休闲方式。几乎所有朋友都知道，她如何电话追踪丈夫，紧紧拴住丈夫，指导他往上走，然后踏实享受丈夫创造出的前景和价值。

这就是她的梦想。

我挺能理解，内心没有丝毫贬义。虽然她的做法完全不符合现在“女性自强”的主流，但婚姻对她很“划算”，实现了她对结婚的诉求。

另一个朋友，则是现实版的“麦瑟尔夫人”。

20年前，她也是一心辅佐老公，上面那位是待老公如“上帝”，她是把老公当娃“鸡”。丈夫特别不爱看书，她就把每一本都做成像知识付费产品那样，先自己看一遍，再把书里的精华向丈夫复述一遍，每本书给他划重点，提炼中心思想，帮他写工作报告……

这段婚姻就像电影一样，观众以为老公挺厉害，是个升级打怪的高手，没想到原来他背后有一个军师。

后来，“知识付费夫妻”离婚了，因为老婆觉得自己单干，会比老公（前夫）有出息。

她一对一辅导他那么多年，烦了。

事实也证明，单飞之后的老婆，果然极其成功。

很像脱口秀女王黄阿丽的段子："我们女人把太多时间花在帮丈夫过上悠哉的生活了。我如果能有个老婆，你们知道我会有多成功吗？"

讲这两个故事，我最后的结论不是为了否定婚姻。

我想说，一个人决定结婚时，不仅需要道德、责任、义务方面的考虑，也请用一个发自本能的考量来问问自己：结这个婚，我到底划不划算？

每个人心中"划算"的利益点不一样，为此忍耐的"内容"也不一样，生活的细节和承受面，只有自己才知道。

可能因为我看待婚姻不极端，周围幸福的朋友，乐意跟我分享她们的恩爱生活；失望的朋友，也愿意跟我吐槽她们的状况。

周国平老师说："爱情是精神生活，遵循理想原则；婚姻是社会生活，遵循现实原则。"抛开价值交换、契约精神、婚姻合伙人、利益共同体这些高深的字眼，婚姻的本质不就是划算吗？

人一辈子真能为自己活的时间其实很短暂，幼年要仰仗父母的照料，成年要应对社会的要求。当我们达到了一个小阶段，真的生长到通透，能够实现为自己而活的时候，却发现这个阶段短到转瞬即逝。

所以，才要抓紧时间让自己开心啊，自己觉得满足，才是人生最大的划算。

第九章

自信

81

幸福是小狗的尾巴尖

朋友说："读书是挺好的，但我就读不下去，因为太不快乐了。"

我问她："什么样的书你读着开心呢？"

她有点不好意思："那，时尚杂志吧，或者故事书，就是浅显易懂的。但我觉得承认自己喜欢读这么浅薄的书，多丢脸，生活很没有意义似的。"

我说："让你开心就是最大的意义啊。"

我自己的体会，读书有三个误区。

第一个误区：每本书都得一个字一个字地看完。其实，只要记住了书里的核心观点，甚至只从一句话里获得启发，都没白读。怎样找到核心观点？目录就是地图。拿到书先把目录读一遍，立刻了解这本书的大概路线，很容易判断哪些是自己以前不知道的，或者现在特别想了解的，就好像决定哪一段阅读路程可以走快点，哪一段需要慢慢看。

我以前看书特别发怵：那么厚，读完得什么时候啊！后来，我不再用“读完”作为硬性指标要求自己，轻松去看，喜欢的多看会儿，不喜欢就放下，心理压力瞬间小了很多，阅读兴趣反而更浓。

第二个误区：强迫自己读大部头。千万别。世界名著，从故事性强的开始看；著名作家，从短篇开始看；经典作品，看不懂就算了，并不是你水平低，而是写作年代和风格与现在距离遥远，不理解很正常。

具体点说，如果没读过爱情爽文《傲慢与偏见》，千万别看魔幻现实主义《百年孤独》，前者是纯故事，按照时间顺序往前推进，很容易看进去。而后者，用了大量传奇和神话，在现实和虚拟中来回穿梭，写法有意识流的成分，得拿支五色笔来做笔记，不然读了后面忘记了前面的事件。

读书也得从容易到难。同样一个作者，比如茨威格，先读《人类群星闪耀时》，里面是14个短故事；再读《断头王后》，这是路易十六的王后玛丽的长篇传记，女性更容易懂；最后看《昨日的世界》，这是茨威格最后一部作品，是心灵独白。有几个入门级文学大师，巴尔扎克、莫泊桑、菲茨杰拉德，他们用平实的语言描写复杂的人性，故事性特别强，大众都容易接受。

像意识流的代表《追忆似水年华》，独白鼻祖《莎士比亚全集》，表达方式和作品年代与现在差别太大了，不要一开始就去挑战。

第三个误区：必须做读书笔记和脑图。

真不是。读书有两个目的，一是学习，二是开心。学习的时候怎么认真都不为过，但读书也是娱乐，开卷有益，茶酒相伴，躺在沙发上，看到共鸣处会心一笑，这多愉悦啊。试着把《飘》《荆棘鸟》《简·爱》当成言情爽文来读，那也是荡气回肠。马可·奥勒留的《沉思录》类似严谨的鸡汤，乔治·奥威尔的《巴黎伦敦落魄记》类似高级的记者暗访。读书笔记和脑图不是较量和炫耀，只是习惯而已，如果这个习惯加重了你的阅读负担，让你感到太累，那就不用。

不必给自己设立太高的阅读门槛，也不必神化任何一种爱好和趣味，过度强调“意义”和“价值”，这太沉重了，会降低做事本身带来的快乐。

作家黄桐写过一本书叫《幸福就像狗尾巴》：

一只小狗问妈妈幸福是什么。妈妈告诉它，幸福就是它的尾巴尖。于是小狗拼命地去试图咬到自己的尾巴尖，却一次又一次失败。

小狗很沮丧，问：“妈妈，我为什么追不到幸福？”妈妈说：“你呀，只要抬起头往前走，幸福就一直会跟着你。”

生活里也是这样。

我们习惯于竭力追逐“幸福”，理性分析“幸福的成分、意义和价值”，研究做什么事情才能幸福。其实幸福更多是体验的过程，不是冷静的探索，也不是刻意的追逐。“好事经不起琢磨”这句话从心理层面是成立的，没事别总是想“这段时间我运气怎么这么好”“他爱我，究竟是看上我哪一点呢”“孩子最近为什么这么省心”……

阅读的幸福、家庭的幸福、友情的幸福，触类旁通，太刻意、太理性、太追求意义感和价值感，既不容易快乐，更不容易幸福。

82

先完成，再完美

我曾经在电影院见过一对夫妻，丈夫居然带着旅行箱看电影。

电影三分之二处，丈夫起身拖着箱子离开，摸摸妻子的头发，很亲昵。

我很诧异。

电影散场，灯亮起来，很巧，妻子认出我，她看过我的书，我问：“你先生有事先离开了是吗？”

妻子说：“是啊，他在外地工作，我们家异地很多年，我特别喜欢看电影，他每次都陪我看一会儿再去机场。”

我问：“只看半场会遗憾吗？”

妻子说：“我会把接下来的剧情告诉他呀，我们又多了一个话题呢。他回家时间少，家事又很多，老人孩子都要照顾，就算我俩只看了一半电影，也是彼此陪伴，总比连一半都没看强吧。生活就是这样，老想着完美答案，就没有答案，老想着完美，就不会去动手完成了。”

我被她的话触动，因为我经常用“完美主义”作为理由，不去做一些事。比如太忙了，那就不给爸妈电话，时间不够干脆不联系；比如一项工作，我要等到万事俱备，才动手去做，于是一拖再拖，不了了之。

假如别人看“半场电影”都觉得幸福，我为什么不能“先完成，再完美”呢？

从那以后，我凡事想得少但做得多，即便没准备好，也边做边调整，很多事情都发生了转机。其实做事就应当先完成，再完美。在完成的过程中全情投入，一丝不苟，慢慢地，在过程中也能实现完美。维纳斯的雕像那么美，也是先有了姿态，而后精雕细琢。海明威还说，一切文章的初稿都是狗屎，得慢慢修改出来。

在阴晴圆缺的生活中，在几乎不存在完美的世界里，活出属于自己的圆满，是一种本领。

83

爱情的真相

1. 你有价值，你的爱才有价值。

爱情需要付出，可是你的付出一定不能有卑微感。爱情的本质是让我们更加了解自己，而不是讨好别人，你喜欢自己，别人才会喜欢上你；你的个人价值越高，爱情中的选择余地就越大。也许你觉得自己不够漂亮、不够优秀，希望用付出的方式弥补这些所谓短板，但其实没有用。

“虽然我不漂亮，但我收入优越；虽然我没有世俗意义的成功，但我情绪成熟；虽然我原生家庭不完美，但我个人能力拔尖。”——这些都是补偿机制。

最无用是傻傻付出。

个人发展永远优于一切。

2. 不尝试改变任何人。

江山易改，本性难移，一个人的性格和三观刻在骨髓里，要么接受，要么分手。男人恋爱的样子，几乎就是他最好的样子，指望他结婚之后脱胎换骨越来越好，希望很渺茫。一个相处舒服的人，大多是因为他基本素质很好，或者是遇到某个巨大挫折不得不变好，而不是后天被谁改造得很好，任何人都没有那么大的能力。

有这股劲，不如改变自己。再相爱的人，也是两个独立个体。

3.感情无法比较。

不拿自己的感情和别人比较，然后觉得委屈、不划算。每个人对情感和婚姻的需求不同，有人要陪伴，有人要礼物，有人不喜欢别人约束，有人喜欢秀恩爱……没有好不好，只有适合不适合。越多人介入和评价，两个人的感情越糟糕。

感情好不好，唯一判断的标准，是你自己的感受。

相信爱情。

但是，也保持原则——像他永远会陪在身边那样期待，也像他随时会离开那样生活。

84

放下虚荣心

心理学上有种人格叫作“雷普利综合征”。

是指：当一个人陷入提升身份的欲望而不断说谎，最终自己也难以分清真实和谎言，于是生活在幻想中，形成人格障碍。

这个称呼源于电影《天才雷普利》：雷普利向往高雅艺术，却只能在剧院当服务员，住在和屠宰场毗邻的地下室。他伪装成耶鲁校友，模仿别人的声音、动作和字迹，然后一步步被欲望驱使，鸠占鹊巢，谋财害命，走上不归路。

这既是人格障碍，也是虚荣所致。

法国哲学家亨利·伯格森说：“虚荣心很难说是一种恶行，但很多恶行都围绕虚荣心而生，都不过是满足虚荣心的手段。”

有一次，我临时去一家不熟的美甲店，做基础护理。

美甲师笑道：“那个太普通，不配您，您不如做这种镶钻，高级贵气。”

我说谢谢，就这个基础款。她边准备工具边暗戳戳说：“您的气质那么好，消费不妨更匹配。”

说实话，我20岁要被这么一激，铁定咬牙选择更贵的，那时，生怕流露出丁点寒酸，面子大过天。40岁以后，是真无所谓，不觉得只有擦贵妇面霜才是贵妇，不认为戴名牌首饰就是消费升级，不被价格和别人的评价绑架，才是放过自己。我每天在电脑上敲字，如果双手镶满钻，还怎么写稿？

因为工作原因，我接触过一些“富豪”阶层，他们自己及其子女，衣着简单，很多保持着“终身工作”的状态，因为工作是和世界保持链接的方式，是让思维不落伍的方式。

自卑和虚荣，总是狼狈成双。虚荣源于自卑，自卑又助长虚荣。

除了带来心理上的拧巴，还有无谓攀比的精神内耗，毫无用处。

85

撒娇的本质是示弱

我20多岁时，有位姐姐跟我说：“你呀，太倔强，一点都不会撒娇，要吃亏的，你去跟小鹿学学撒娇。”

我就去找小鹿学了。

正好她男朋友和我当时的男朋友都要加班，我们几乎同时接到对方要加班的电话。我是这样说的：“好呀，你忙吧，我会照顾好自己，再见。”

而小鹿，对着电话柔软地说：“你要早点回来呀，如果你不回来，我就到楼下去等你，让冷风吹我，直到你回来。”

我当场惊呆，明白小鹿这个特色我学不会，我甚至挺鄙视使用所谓的“女性魅力”，去获取异性的照顾。

很多年后，我读到蔡康永老师写的另一种“撒娇”。

一位男性要出差，把家里的小狗抱去请房东太太代为照顾三天，他说：“我们家的小狗自上次见到房东太太以后，每天都要抓门，要我带它来找房东太太玩，它从来没有这样过，连我带它参加蔡依林的签名会都没有。我要出差三天，不巧没人照顾小狗，可以请你帮帮忙吗？”

这样说话，别人很难拒绝。

蔡康永老师解释：撒娇的核心是示弱，不是嗲声嗲气、扭动肩膀。

现在，我是一个中年人了，的确没有学会小鹿那样的“撒娇”，我学会了照顾好自己的工作、生活和心情，学会了不给别人添麻烦，独立面对和解决问题，也收获了真正欣赏和心疼我的人。

但我同样学会了“合理示弱”，主动向更有能力的人求助，主动表达自己的需求，甚至向女儿示弱——我女儿动手能力极强，乐高玩到专业水准，更不用说拆装电脑椅、调试电子设备之类，而我是标准的文科生，看不懂任何说明书。每逢添了新设备，我总求助女儿：“哎呀，宝贝最擅长组装啦，帮帮妈妈吧。”女儿总是表情嫌弃却尽心尽力地帮助我。有一回，我听她跟同学打视频说：“我妈妈呀，可笨了。”语气中没有讨嫌，倒是有点保护和骄傲的意思。

女性坚强而独立，不代表时时刻刻都硬邦邦，柔韧才能持久坚强；而“撒娇”不是造作，也不是使用性别魅力，毕竟我们都有需要别人帮个忙、需要别人体谅的时刻。

假如让我回到20岁，再去接听男朋友的电话，我会换个说法：“好呀，你忙吧，把工作做好，但我真的也蛮喜欢有你陪着，尽量早点下班多陪陪我。”

86

家庭不会耽误女人成长，家务会

对于做家务，男人和女人的理解完全不同，男人至少有三个误区。

误区一：“女人愿意做家务，男人就是做不好。”“女人擅长做家务，男人就是做不好。”

错。

你问一个女人“愿意做家务，还是愿意出门工作挣钱”，100个里面99个都会选择出门挣钱，因为出门还能挣到钱，而家务都是免费奉献。

至于男人做不好家务，我看过一个女孩写的故事：她爸和她妈刚结婚时，她爸为了以后不洗碗故意摔碎盘子，果然妈妈心疼盘子不让他洗了。这事被外婆知道，外婆说你拿他的工资，他摔碎一个盘子你就买两个，摔碎两个你就买四个，就是不要自己洗，不要让他养成习惯。然后，她爸妈直到60多岁，始终是爸爸在洗碗。

你看，谁都不是天生会，多做就会了。

误区二："收入低的家庭，没有那么精致，家务是很少的。"

错。

收入低，家务只会更多。没有阿姨和钟点工帮忙处理，处处需要精打细算，没法买好用的烘干机、洗碗机、扫地机器人、蒸汽清洁机等等；家里地方小，更考验收纳整理能力；不舍得把衣服鞋子送去专业打理，缝补和清理最是耗费时间；也不会舍得外出吃饭，一日三餐基本上至少花掉4.5小时，还不算上买菜和洗碗。

很负责任地说：收入不高也生活得舒适安乐，这种家庭肯定有个特别能干的妻子（也许是丈夫，但概率很小），夫妻双方相互体贴，都觉得自己的付出值得。

误区三："家里有保姆，她累个啥呀？"

有保姆到底累不累？我自己深有体会。

我女儿今年12岁，她刚出生时，家里有一位半日制的家政阿姨处理家务，还有一位育儿嫂专门带孩子，按理说我简直命太好，完全不要操心吧？不是的。

首先，工作不是划水就能完成，我是核心销售岗位负责人，还没出月子就被抢客户，马不停蹄赶去上班——大多数请了阿姨的家庭，不是要过少奶奶生活，而是因为妻子的工作和收入同样重要。

其次，阿姨处理的是“具体家务”，不包括“规划和安排”。孩子的教育、服装、奶粉、防疫针不会自动完成，买菜做账、衣食住行都是琐碎。另外，管理阿姨非常耗神，很多家庭有了孩子要和老人同住，而老人通常容不下阿姨，造成育儿阿姨走马灯一样换，妻子被迫成为“家政中介能手”。

阿姨放假时，就是妈妈上岗日，这种无缝对接的生活，密度实在太大、太消耗了。

有一次，我和最要好的朋友通电话，只听得手机里一片嘈杂，她努力而大声地说：“我在带儿子配眼镜，雨太大了，从家开车到这里就用了一个半小时。”

她曾经是职场上呼风唤雨的中高层，对重要项目拿捏到位，对复杂关系游刃有余，每天意气风发。只是，儿子高中了，要给孩子更多关注和教育，全家商量后，她退居二线岗位，主内，带孩子，做家务。

真正需要做出牺牲和放弃时，大多数家庭都是由女性承担。

我认同“家庭不会阻碍女人成长”，但是“家务一定会阻碍女性成长”。

因为家务最可怕的并不是海量难测，而是，它能迅速养成一个女人琐碎的气息，她很难做宏观思考，因为总被碎片化打断；她说话不再简明扼要，变得很啰唆，因为带孩子必须大量说简单重复的话，还要把智力降低到孩子的年龄，陪伴ta思考和成长；

她很难有时间读书，就算读，也是和孩子有关的育儿书。

她的眼界开阔得起来吗?

女人被局限在家务的方寸空间里，一定会变得敏感脆弱，自卑薄弱。

如果一个女人打算结婚，“三观一致”的要求很大，也有点虚无，请一定和伴侣讨论清楚：家务怎么做?

有空一起带孩子、打扫卫生、洗衣做饭，认可和尊重彼此的付出。

这就是最务实的爱。

87

立场不同

2013年9月，一块墓志铭在西安出土，不仅颠覆了所有史书记载，也还原了一段尘封千年的友情，从此，上官婉儿的形象被逆转。

将时间拨回到上官婉儿初进宫的那一天，公元677年，她13岁，被武则天召见，“聪达敏识，才华无比”，从此被武后留在身边，与最得宠的太平公主成为密友。

史书记载，上官婉儿先后嫁过两位皇帝，13岁被武则天安排嫁给唐高宗，封为正五品才人。其实在唐代，女子想要在官场发展，有两个途径：一是常规女官，最高只能做到正五品的尚宫；二是走嫔妃的职级，最高能做到一品。当时的唐高宗已是暮年老人，和婉儿没有夫妻之实，武则天安排她嫁给高宗，更多是为了培养得力助手，也让她升迁更快。

公元696年，上官婉儿32岁，才华和心态都更加成熟，武则天直接安排她处理奏表，参与政务，虽无宰相之称，却有宰相之实，人们叫她“巾帼宰相”。

上官婉儿的第二段婚姻，是嫁给武则天和唐高宗的儿子李显。武则天晚年，政治动荡，上官婉儿和太平公主联合太子李显发动“神龙政变”，武则天正式退位，李显成了新帝。李显登基后，封上官婉儿为昭容，地位仅次于韦皇后，负责内诏等关键工作。史书中说，这时的上官婉儿成为韦皇后的心腹，私生活极其混乱，权欲熏心。但墓志铭却与史书完全不同，墓志铭中的婉儿曾多次以死劝谏皇帝，收回立安乐公主为皇太女的荒唐命令，甚至不惜自贬为婕妤，她主动联合太平公主和李隆基，帮助更具政治能力的李旦李隆基父子获得政权。

既然是功臣，为什么李隆基还要诛杀上官婉儿？因为政治。李隆基杀上官婉儿，是为了向他的亲姑姑太平公主示威。

历史向来由胜利者撰写，宫廷斗争你死我活，胜利者必须丑化和污蔑失败者，这是唐玄宗的立场。

而碑文则寄托了生者对逝去之人的思念。在上官婉儿的墓志铭中，除了读到一个与史书记载完全相反的婉儿，也读出了太平公主对她深厚的情谊。婉儿死后，太平悲痛万分，亲自请愿恢复婉儿昭容身份，赠五百匹绢厚葬，安排人整理婉儿的诗集成册——对于一生沉浸于文字的人，这应该是最知心的怀念吧。

墓志铭最后一段这样写道：

潇湘水断，宛委山倾。珠沉圆折，玉碎连城。

甫瞻松槚，静听坟茔。千年万岁，椒花颂声。

自你走后，天地失色，物是人非。我静坐你的坟茔边，听风吹过树梢叶间，仿佛你我还是当时的少年。愿千年万年，仍有人如我一般，记得你的容颜。

这对少年闺蜜是否会怀念豆蔻年华的初遇？那时，她是万千宠爱于一身的公主，她是文采四溢的才女，在大唐帝国煌煌盛世中，在皇宫巍峨高墙内，她们是难得的挚友。只可惜没多久，太平公主也被李隆基赐死家中，连带着与她关系亲密的上官婉儿墓被彻底捣毁，人生经历被彻底改写。

大约百年后，唐德宗时期的诗人吕温做了《上官昭容书楼歌》怀念婉儿，写道：

汉家婕妤唐昭容，工诗能赋千载同。

自言才艺是天真，不服丈夫胜妇人。

吕温是从文学角度赞赏，这个女子的才情，丝毫不输于最负盛名的男人啊。

在唐睿宗、玄宗朝三次担任宰相的张说，称赞上官婉儿“两朝专美，一日万机，顾问不遗，应接如响”，这更像一位同僚对担任过相同职位前任的职场肯定——只有做到那个位置，才会理解工作的难度和从政的水平。

上官婉儿自己，写过一首《彩书怨》，字里行间是深宫中的孤寂：

叶下洞庭初，思君万里馀。露浓香被冷，月落锦屏虚。
欲奏江南曲，贪封蓟北书。书中无别意，惟怅久离居。

为什么同样一个，获得的评价差异如此巨大？

因为评论她的人立场不同，上官婉儿在政敌唐玄宗、挚友太平公主、同僚张说、诗人吕温，还有仅仅作为一个女子的自己笔下，是截然不同的状态与定性。

现实生活中也是这样，每个人都有不同立场和不同角度，说的未必是谎言，但可能掩盖了很多不想让你知道的真相。多几个思考问题的角度，多几个看待别人的立场，能让我们的判断更接近于真实。

88

哪一刻意识到读书很有用

1997—2001年读大学，是我人生最贪玩的一段时间，特别想挣钱买漂亮衣服，当时做酒类促销在课余打工中工资最高，我就去卖一种挺高级的红酒。

第一天上班遇到一桌客人，主座上是位挺斯文的中年人，他说：“小姑娘，你如果能背出5首关于酒的古诗词，这桌就选你推荐的酒。”

我是中文系，这个题目对我不难，我从李白的《将进酒》、范仲淹《苏幕遮》，说到自己最喜欢的杨慎《临江仙》：一壶浊酒喜相逢，古今多少事，都付笑谈中。

这桌客人很意外，当场践约，选了我推荐的酒。散场时中年人特地叫住我问：“你愿意给我女儿辅导作文吗？”我说：“那比卖酒挣得多吗？”他说：“短期不一定，但长期看，肯定更能发挥你的特长。”

我答应了。

他外派到合肥工作，太太是全职主妇，女儿上小学，我带了孩子一年半作文课，大多数时间和母女俩愉快相处。这家人都爱看书，我们经常讨论某本经典书籍，或者最新畅销书，那是我收获很大的两年。

后来，他们换到其他城市工作，还帮助我推荐暑假实习单位。临走，学生爸爸交代：“筱懿，读书不是让你立刻挣到多少钱，而是让你做任何事都更有方法、有思路，卖酒这样的销售工作，也能用知识卖得有文化、有特点。”

现在，我也成为中年人，始终保持阅读习惯。

每个人都只能活一辈子，而读书可以把生命扩容为N辈子，从书中见识到无数种活法；我们的大多数朋友都是身边人，唯独书籍可以穿越时空，带我们与古今中外的智者交流。

我读书没有功利心，但我的确相信：所有书都不会白读，它总会在未来日子的某一个场合帮助我表现得更出色。

89

父母不仅得孝顺，同样要管理

倪匡先生说：“人类之所以进步，主要因为下一代不怎么听上一代的话。”

这个观点有争议，但我其实挺认同——对父母，不仅得孝顺，同样得管理。

有三种类型的父母很常见，却对孩子伤害特别大。

第一种，自我感动型父母。

总是说，你一定要考上好大学、有好工作，你爸妈为了你，牺牲多少时间和机会。这种话无形中给孩子带来巨大压力，造成子女做任何决定，都要优先考虑父母的感受和家庭的利益，变得畏首畏尾，不敢选择自己所爱，甚至觉得自己必须牺牲才能对得起家庭。

其实没必要，人先把自己过舒展了，才有余力兼顾别人。

第二种，否定打压式父母。

最经典就是老拿子女跟别人家孩子做比较，自家孩子全线不行，别人家孩子满眼都好；还有些事业成功的父母，干脆拿孩子跟当年的自己做比较，充满优越感：“你比我当年可差多了！我这么厉害怎么有你这么笨的孩子！”

这类父母把严厉要求和打压，作为激励子女成才的主要手段。假如孩子不反抗、不调节，会变得非常缺爱和自卑，认为自己不值得被肯定，成年后讨好型人格的概率很大。假如他们把这种自恋的方法、指责的方式用在孙辈身上，对子女是更大的打击，所以子女需要保护好自己的孩子，尽量不要让孩子单独和否定打压式的爷爷奶奶长期生活在一起。

第三类，严重情绪化父母。

一位朋友说起自己的妈妈，高兴时像春天一样温暖，但突然就会不高兴，用最刻薄的语言攻击她，要求她做什么时都要按照妈妈的节奏，否则立刻发怒。有一次，妈妈在电话里训斥她，用重复了千百遍的节奏、语言和语气，她实在扛不住，悄悄把电话放下。一小时以后再拿起来，妈妈还在念叨，根本没有发现她离开过一小时。

孩子是父母的复印件，父母严重情绪化，孩子往往易怒、胆小、缺乏信任，学会情绪处理的难度比别人大很多。

心理学家阿德勒说：“幸福的人用童年治愈一生，不幸的人用一生治愈童年。”

这句话我认同一半，原生家庭是人的起点，但我们这一生相处最久的人依然是自己，得学会主动管理好自己的生活，包括主动管理与父母的关系，有反省也有反抗，有理解也有谅解，有挣脱也有回归，有破碎也有重建。

成年独立生活后，我曾经尝试与父母做朋友，发现实在太难——年代、年龄、阅历、知识完全不同，根本无法达成共识，但我发现“管理父母”有一个方法很好用，叫作“模糊焦点”。

“管理父母”不是跟父母吵架，或者正面硬刚，争吵没用，争吵意味着内心当中还存在幻想，希望能够跟父母讲清楚道理，可以改变他们——这根本不可能。与父母发生分歧时，我们需要心理上坚定自己的意见，行动上分散注意力，类似于一边微笑一边打岔，说“哎呀，赶紧吃饭”“我们出去散个步吧”“我手头还有点工作，先忙会儿”，想办法岔开话题，把矛盾在无形中回避掉。

“管理父母”不是跟父母较真，大多家事根本说不清楚，大多家务也不是被立刻“解决”掉，而是拖着拖着，解决方法自然就出来了。我们明白了父母的局限和缺点，在父母和自己之间设立一道防火墙，不让他们的局限性过度影响自己，过度冲击自己的小家庭，就是最有效的管理。

我逐渐明白：和父母最强的纽带其实是血缘关系带来的亲密，至于思想的同步、观念的理解、生活的互不干涉，得之是幸运，不得是正常，反复调整是必须。

为什么人长大了会不听话？因为我们终将拥有自己的生活。

90

很多烦恼，都是闲出来的

几年前我给自己放了大假，连续1个月不工作，我以为更快乐，结果完全相反。

旅行两圈回来，才过去半个月；每天上网浏览各种闲杂信息，觉得“欸，这个作者文章写得也很勉强，为什么阅读量比我高？”越想越生气，深感不公平。

我积极掺和到父母的生活里，认为他们土且落伍，自作主张买了很多时髦物件，可他们根本用不上；我还有工夫给好友长时间视频电话，她吵架之后吐槽丈夫，我也推波助澜，结果人家和好后，我很尬。

不可思议的是，时间越多我越懒，从前忙到挤时间健身，闲下来后整个人软趴趴，只想窝进沙发里，俩星期胖6斤，马甲线很快没了。

我变得人人嫌弃，又不好意思明着说我。

幸亏，最后那点自知之明督促我赶紧结束放假，恢复忙碌。

然后，所有问题都消失了。

很多烦恼，的确是闲出来的。心里太闲，头脑就有胡思乱想的空地；身体长期放松懈怠，精神也容易萎靡。就像机器，越运转越灵敏，越停滞问题越多，停久了或许彻底报废。当行动不局限在琐碎的一人一事，当生活高效运转，当工作积累成就之后，人的状态都会焕然一新。

余华老师说："奋斗就是为了躺平，就是为了过上不被闹钟叫醒的日子。"我喜欢这种幽默的松弛感，但他说的"躺平"，并不是无目标地闲散混日子，而是用自己的节奏去生活。

第十章

自在

91

收起“无能的愤怒”

我曾经为自己在公开场合的情绪失控付出特别高的代价。

那是一位公认难打交道的客户，方案修改几十遍仍然不满意，合同谈判十几次毫无推进，但她的业务量占部门总量近一半。想起自己辛苦付出却毫无收获，我既委屈又生气，在电话里大声对她说：“你的要求特别没道理，你也特别变态，别以为甲方了不起，我不伺候了！”

说完，狠狠摔掉电话，瞬间觉得过瘾。

但是这种过瘾很快被绝望覆盖，我趴在办公桌上哭起来，直到同事给我递纸巾，我才想起来，这是一间开放式的大办公室，当时我已经是一个26岁的成年女性，行为很不得体。

很快，我对客户发火的事传开，直接领导找我问责，一把手找我谈话，鉴于我的“不成熟”，部门准备把这个客户调整给别人。客户本人也绘声绘色把我们交锋的段子转述给同行，我成了本事不大却脾气不小的笑话。

我的情绪化既无法推进工作，也改变不了客户的傲慢，还把自己扔进坑里，平静之后，我不止一次后悔：我图什么呢？

我冷静下来换个方式处理问题。

这位客户的上级是决策人，她的下属是执行人，虽然不如她直接，但她这条路不通啊，我只能绕道，绕道以后，我真把事情办成了。我获得了她领导的认可，并且和她的下属相处融洽，决策者和执行人都开了绿灯，她的红灯也不好意思一直亮着，最终对我放行。

而我，学会了一句话：没有收拾残局的能力，就不要放纵自己的情绪。

情绪化是我对世界毫无办法之后的发泄，解决不了问题，却烧光了自己的清醒，烧坏了别人对我的印象。搞不定可以绕道，绕不过去还可以放弃，放手有时是及时止损，甚至是另一个高效的开始。

有一种脾气叫“无能的愤怒”，宣泄出来解决不了问题，对事情毫无正面推动，却充满负面影响，假如对方不理会还显得你特别无能。这种纯粹的情绪发泄，应该克制。把愤怒调成静音模式，冷静地表达出来，理智地思考对策，才是“有价值的愤怒”。

92

唯有平视，才能看见真实的自己

爱尔兰剧作家萧伯纳有三件经典逸事。

第一件，萧伯纳成名后家里宾客云集，苦于应付。某天，英王乔治六世登门拜访文豪，寒暄之后，由于兴趣爱好差异太大，两人很快无话可说。萧伯纳目测乔治六世仍然没有离开的打算，于是慢慢拿出怀表，使劲盯住表，直到英王不得不辞别。

后来，有人问他喜不喜欢乔治六世，萧伯纳说："当然，在他告辞的时候，确实使我高兴了一下。"

这件事情的风趣在于萧伯纳的态度，即便无趣的人是国王，他也不会刻意尬聊，用阿谀奉承来为国王圆场。

第二件，萧伯纳到当时的苏联访问，在街头遇见一位可爱的小姑娘，忍不住陪她一起玩。临别时，萧伯纳对小姑娘说："回去告诉你妈妈，今天和你玩的是世界著名的文学家萧伯纳。"

结果，小姑娘学着萧伯纳的语气答："回去告诉你妈妈，今天和你玩的是苏联小姑娘卡嘉。"据说这件事对萧伯纳触动很大，马上意识到自己无意间流露的傲慢，后来把这事当作自嘲说给朋友。

第三件，萧伯纳收到一封孩子的来信，写道："您是一位最使我佩服的作家，为了表达我对您的敬仰之情，我打算以您的名字来命名我心爱的小狮子，它是我过生日时亲戚送给我的，不知尊意如何？"

这封信的问题和语气都相当调皮，带着模仿成人的、半生不熟的礼仪，萧伯纳回信："亲爱的孩子，读了你的信，颇觉风趣盎然，我十分赞同你的主意。不过，最主要的一点，你务必和小狮子商量一下。"

这封信，真正让我看到了孩子和萧伯纳都有的"平视"姿态。

平视很难。

身居高位，愿意平视别人，不做高姿态，需要自知和修养；身处低处，能够平视自己，不觉低人一等，需要自信和勇气。

就像杨绛先生说的："无论人生上到哪一层台阶，阶下有人在仰望你，阶上亦有人在俯视你，你抬头自卑，低头自得，唯有平视，才能看见真实的自己。"

93

该放弃，就放弃

一位读者对我说，她很不喜欢现在的财务工作，觉得只有写小说，才能让敏感的她快乐，犹豫要不要放弃当会计，做个职业小说家。

我特别理解，从前我是个生活记者，在菜场抄菜价的时候，也不快乐。

但是，喜欢写小说与适合写小说之间，隔着南半球和北半球的距离。

这两年有个很争议的话题，大意是北大一位女学霸进入演艺圈，发展平庸，甚至维持生活都困难，只好回到家乡。和北大同学相比，她没有在学业和事业之路走向卓越；和演艺明星相比，她没有在娱乐圈闯开天地。

她也自嘲，自己慢慢提升了演技之后，又发现娱乐圈没有社恐的立足之地，她只能点头笑一笑，连饭局上跟别人敬酒都感到尴尬无措，但入行没办法，只能逼自己拉下脸面去推销自己。

记者“孟大明白”说：“稳定、冷静是好学生和杀手的要素，却是明星大忌。”

好演员入戏快，多少都有点人来疯，甚至“不正常”。即便内向如梁朝伟，也曾在当年TVB台庆上表演过用门牙拉小货车，在谢晋影视艺术学院的表演训练中，学员模仿猫猫狗狗，甚至大猩猩都是家常便饭。

甚至我跟一位表演老师聊天，她浑身都是戏那种，我逗她：“你在爱情上从来没有不自信吗？”

她马上小腰一扭，脖子一挺：“那怎么可能不自信，我们天天练的不就是爱与恨、美丽与哀愁？”又认真补充：“入戏就是这样，得恋爱成癖，比生活夸张，举手投足都是戏。”

我除了写文章，也拍短视频。很多作家不好意思在镜头前表达，我还挺敢讲敢演。

但是，当我和真正的演员在一起，这个落差感太大——人家瞬间进入状态，不像我，需要搞半天心理建设。

采访陕文投董事长贾轶群时，我提到普通人并不觉得很多艺人有多漂亮，她直截了当说：“艺人最吸引人的叫‘表现力’，不是‘漂亮’。”

确切地说，我们觉得演员漂亮，或者与众不同，大多来自她的表现力。如果在普通人里找漂亮女孩，按照三庭五眼、身材比例，也有不少。但跟演员站一块，立刻见分晓。就像周迅，她的“少女感”绝不是演的，那是对生命体验感特别强，自带一股清澈单纯、略神经质的灵气。

作家这个职业也一样。

我几位写小说的朋友，跟我通电话痛哭流涕，都是因为把自己小说主角写死掉了，好舍不得他死啊。

啧啧，真是锥心痛骨。

我自己从小极度情绪化，对别人的情绪也很敏感，10多岁看《红楼梦》，常常哭得上气不接下气。讲一段年轻时矫情造作的黑历史：我大学里第一次恋爱无疾而终，日日沉浸于失恋，茶饭学习皆不思。我们宿舍一共八个人，七位好心室友每天陪我出去走一趟，就为了看守住我，怕我轻生或者抑郁。

她们都高，只有我矮，走在一起就像七个白雪公主在溜达一个小矮人。整个学期过去，书本全没看，什么都考不及格。只有写作课，前面40分填空题我一题没做，光写60分的作文。

也没按老师题目写。就写我的失恋，过程怎样，心路如何跌宕。结果，写作老师给我一个作文满分，刚好及格。

老师认真找我谈话，说：“我很为你的文字打动，你在写作上可以试一试。”

后来，我到报社当社会新闻记者，写得不好，因为代入感太强，很容易被某个弱者打动，稿子写得跟神奇女侠一样锄强扶弱。财经也不行，我的稿件总被认为含有过于澎湃的个人情感，后来，被送去菜场抄菜价。

直到我当了家居版主编，写广告意味浓厚的人物专访，如鱼得水——受访者的确希望带着个人对他无限的欣赏，饱含情感地写出来。

我轻易做到了。

不仅写稿被欣赏，连采访都无比愉快。一位平时不苟言笑的创始人跟我说："筱懿，你有空就来陪我吃中饭，跟你吃饭我都觉得香。"

其实，我真没有讨好技能。

我就是，共情能力特别强——你说的这些，我都懂，对对对，我明白。

呜呜呜，我陪你哭。

创业以后，我见过很多投资人，他们很好奇：一个职业作家怎么能创业开公司？你应该是神神道道的那种人啊？

是的。创业让我没有从前那么情绪化和神经质，也磨损掉我很多写作的乐趣，我被要求变成"情绪稳定的中年人"。

我很庆幸能靠写作吃饭。但是，当见到另外一位年长我20岁的作家前辈，立刻被他的专业储备震惊。他犹如人肉搜索引擎，随便一句名言，立刻接出下一句，甚至大段原文一字不漏背诵。

他充满天赋，又无比勤奋。

真是令人自卑。

有些东西不是刻苦努力能达到的，假如多次尝试依然失败，那么该放弃就要放弃，人找到适合自己的方向，结果截然不同。

好演员一定是学霸吗？学霸就一定能成为好演员吗？

不是。

娱乐圈经常盘点的学霸明星，也不过建立在她们已经成名的现实之上。

有些好演员、大明星的确是熬出来的。

我理解对这种事最不出错的评论，就是鼓励每个人都追求自己的梦想。

但我不想这么讲，我想说：适不适合吃这行饭，三年通常有分晓。

只有一个成功的过来人，才能告诉大众“我坚持了20年”。正因为是小概率事件，才会被放大，成为忆苦思甜的勋章。

更多不适合、不走运的人，都在20年当中被淘汰。

如果有足够的热爱，无须为吃穿发愁，还能一直接受失败，当然可以想做就做什么。

但普通人很难，没有丰衣足食的安全感打底，不要轻易从事艺术、文学、音乐、创作……这些职业。

经常有朋友想改行写作，咨询我意见。我会问“你心情不好能写吗？急稿能写吗？完全陌生的题材能写吗……”

答案都是：“不能。”

咳，如果靠这个吃饭，要旱涝保收才行。

文章开头的那位读者，听我说了那么多，现在依然待在会计的岗位上。

大多数成年人，都将活得务实，略无趣，略保守，适度保持梦想。

这其实才是大部分的人生啊。

94

一位爸爸对三个女儿的期望

在养育女孩这件事上，有一个对我启发很大的朋友兼合作伙伴，老董。

他有三个女儿，年纪分别是十四岁、十岁和五岁。去年冬天我到他公司开会，会议间隙茶歇，老董的大女儿敲门进来说：“爸爸，我的年夜饭计划做好啦！”

他露出老父亲的微笑看着女儿：“好啊，这会儿正好休息，你说给爸爸听听。”

当时会议室里有十来个人，三三两两各自组合聊天，略吵。但小姑娘既没受干扰，也不怯生，左手拿着小本儿，右手拿只笔，开始陈述年夜饭安排。从家庭成员的邀请情况说起，然后是如何根据人数、距离和预算选择饭店，再到订包厢、订菜，还有后续娱乐安排，井井有条，考虑得十分周全。老董用自己的手机计算器捣鼓了两下，说：“你这个清单算下来比预算超了好几百块呢。”

小姑娘不紧不慢回答：“因为我在酒店的楼上预留了一间客房，爸爸你还记得去年年夜饭舅舅喝醉吗？假如今年有类似的状况，可以在楼上休息，如果没有呢，我们孩子可以在房间里疯玩会儿。这个钱不能从年夜饭费用里扣除；还有你们的酒水很难预测，不像我们孩子的饮料。所以房间和酒水这两项得另外算，这样看，预算并没有超标。”

我有点吃惊，即便是大人做这件事，精细程度也不过如此了吧。

开完会，我特地问老董：“怎么把女儿培养得这么有规划还务实？”

他笑笑说：“因为我希望她们未来有钱啊。”

我半开玩笑半好奇：“别的父母要么希望孩子成绩好，要么希望她们多才多艺、快乐成长，怎么你单期望她们有钱？你的事业已经不小，她们三姐妹的家庭状况算是富裕了，你别这么俗气。”

老董很认真地说：“我可以毫无保留地爱自己的女儿们，但不代表她们长大一定能遇到毫无保留爱她们的另一半。我可以把财产留给她们，但不代表她们就能富足地过一生，人争取财富和守住财富都要靠本事。成绩好、漂亮、能否遇到好老公，这些在我看来都是锦上添花，不是最重要的。我最看重的是，她们从小有健康的金钱观和事业观，既包括怎么去赚钱，也包括如何在有限的财富水平下过得舒心。这样，即便她们今后没有令人羡慕的美貌，没有白头偕老的爱情，凭自己本事挣的钱也能为她们的人生兜底。”

老董的态度让我很触动，所有父母都希望儿女心想事成，而我们又都明白完美的人生并不存在。所谓“父母之爱子，则为之计深远”，他的想法听上去或许有些悲观，却是一个历经磨砺的中年人内心的清醒。

我追问：“你觉得赚多少钱才算有钱？这样要求女儿会不会太辛苦和功利了？”

他说：“‘有钱’是一个被比较出来的概念，赚多少钱都总有比你更富有的人，关键是能不能丰俭由人地过好这辈子。所以我平常会主动锻炼她们对金钱的感知，比如家庭聚会，我给大女儿拨预算，让她用自己的方式把团聚办好，每次金额不一样，有时多有时少，有时在饭店有时在家，同样是一顿饭，看她能不能做到让自己和家人满意，这就是丰俭由人。二女儿具备对物品价格的概念，知道自己愿意在哪些东西上多花点钱，在哪些方面要节约。两个姐姐是‘过来人’，她们了解怎么带小女儿从玩《大富翁》儿童版游戏开始，逐渐有财商的意识。筱懿，我可以这么说吧，有金钱观和事业观的孩子，成绩不至于太差。”

这是我听过非常务实的教育观点，尤其是对有女儿的家庭。

后来又有一次，我和老董夫妻吃饭，他的二女儿特地叫上姐姐，从隔壁便利店买了果汁、可乐之类饮品，我问小姑娘：

“干吗不从饭店拿呀？饮料还挺重的。”小姑娘回答：“妈妈说，饭店的饮品和便利店一样，价格却有可能贵一倍，自己带更节约。”

我虽然知道老董的教育方式，但还是略吃惊——财务意识已经潜移默化在小姑娘的日常行为里，习惯成自然了。各种社交媒体都有炫富的帖子和言论，以我有限的认知，凡是在健康而富裕家庭成长的女孩，凡是父母白手起家合规致富的家庭，孩子都不会把炫耀和奢侈当作光荣。

我很认同老董的观点：假如一个女孩能够凭借自己的本事挣钱，并且守住钱，那么她的眼界、品德和综合能力，都不会太差。

95

向谁能借到30万救命?

电影《送我上青云》，女记者盛男被查出患有卵巢癌，需要30万治病救命，这30万从哪里来呢?

父母给? 离异的父母各自面临困境，都无法拿出30万。

朋友借? 她向朋友四毛开口借钱，四毛问:“治病这30万，你还差多少?”盛男说:“我有3万多。”四毛表情复杂地说:“你这不是借，你这就是穷!”

这时，电影院爆出笑声，一语道破真相，还有点冷幽默。

18年前我是都市报记者，采访一位英雄市民，她看到有女孩跳河立刻纵身跃进水里救人，救人之前她正推着婴儿车，里面坐着1岁多的女儿。结果皆大欢喜，跳河的女孩被救起，全家感谢、社会表彰、媒体报道扑面而来，女英雄接连很长时间都在接受报纸和电视的采访。

我去采访时，她刚刚送走一拨人，我是当天最后一个，因为年龄相仿，我也没吃饭，就在她那里泡了两份方便面，她一碗我一碗，边吃边聊。

我问她：“你跳进河里救人是怎么想的？”她答：“我什么也来不及想啊，本能就跳下去了。”

我有点好奇：“如果让你多想一会儿呢？”

可能是过度采访让人疲惫，也可能是吃面让人放松，她沉默片刻，说：“如果多想一会我不一定去救人，毕竟我的孩子还在车上，旁边没有熟人，万一我跳下去之后孩子被人抱走了怎么办？万一我游泳技术不过关，救不上来这女孩两个人都沉底了怎么办？那我里外不是人！”

这种回答很不“英雄”，我说：“你是不是想多了。”

“女英雄”突然放下筷子哭起来：“不是我想多了，这是事实，因为我老公就是这样反问我的！他说你怎么那么傻大胆啊，把自己的孩子放在一边去救人，万一出点意外，你后悔一辈子啊！我仔细想完真的后怕！”

当时，我看着她耸动的肩膀，不知道怎样安慰。但我没有按照她的真实想法写稿，我给她描述了一份光明的心境，一个被亲人鼓励和认同的氛围。

大多数观众更愿意接受没有瑕疵、无所畏惧的英雄。

而现实中的我们都挺胆小。

也是在大约18年前我遇到芳芳，她与我年龄相仿，每天笑得阳光灿烂对世界完全不设防似的，有一次聊起“生病”话题，我说自己是个悲观的理想主义者，生怕疾病给自己和家人增加负担，除了医保还买了商业保险。

芳芳笑话我：“你也太焦虑了，我们那么年轻哪有机会生那么严重的病？再说，真生病了，谁还借不到30万救命？”

一语成谶。

芳芳30岁时因为乳腺癌去世，朋友们在她病中都包了份子钱，但是真的没有人借30万，因为她也没有开口，她默默卖了唯一的房子，着实无望之后停止治疗。

我还记得有一次去看她，她说：“真到生了重病才知道，根本不好意思向别人借钱，既怕自己没机会还，也怕被拒绝，终了连朋友都做得尴尬。”

芳芳病的时间很长，走的时候亲友都觉得既难过，也解脱。

久病床前，难有孝子。

长年琐碎，消耗恩爱。

终日阴霾，哪有阳光。

这种现实和我们想象中的场景落差有点大。

但这才是真实的人性：每个人都是自己的接盘侠，而不能指望别人托底。

96

承认别人优秀，自己同样优秀

英格丽 · 褒曼凭借在《东方快车谋杀案》中的表演，获得奥斯卡最佳女配角奖，而与她共同角逐这个奖项的演员瓦伦蒂娜 · 格特斯也对获奖充满期待，名单公布后，甚至无法掩饰自己的失落。当英格丽 · 褒曼登台接过奖杯时，大多数人都以为，作为获奖者，褒曼会喋喋不休谈论自己的激动，意外的是，她说："其实，我觉得瓦伦蒂娜 · 格特斯一直比我表现得更优秀，她也是我最喜欢的演员之一，真正的获奖者应该是她。"紧接着，她转向瓦伦蒂娜 · 格特斯，真诚地说："原谅我，瓦伦蒂娜 · 格特斯，我事先并没有信心获胜。"

这句话低调谦逊，关键是语气中的诚恳，对方瞬间流泪，两位实力演员深深拥抱。

我喜欢的演员袁泉和马伊琍之间有一段类似的对话。

她们在《我的前半生》里扮演闺蜜，总被观众比较演技，主持人问袁泉:“你怎么评价马伊琍?”袁泉回答:“她很完美,认真对待每一场戏,是一个内心强大,集善良、美丽于一身的女人。”

后来,袁泉凭借《我的前半生》获奖,杨澜在采访中问马伊琍:“你觉得袁泉在闺蜜、女人和演员这三个角色当中,哪一个做得最好?”马伊琍大气地说:“演员。”

杨澜追问:“她不是一个更好的闺蜜吗?”马伊琍满眼欣赏地回答:“她在舞台上、在荧幕上的光彩,已经掩盖了一切。一个女人在某一方面能做到那么好,已经无憾了。”

其实真正的强者,对于别人的优秀将报以肯定和欣赏,不会捧高踩低、揭他人的短处用来彰显自己的聪明和优越,能够放眼别人的长处,鼓励自己进步。这样的欣赏背后,是相信自己也能行的底气,还有容人的雅量。

有底气和雅量,人的幸福感会强一些,毕竟,别人不会因为你的贬低而变得糟糕,你却会因为嫉妒而感到心塞,这有点得不偿失。

97

人性的“不可能三角”

经济学上有一个“不可能三角”理论，1999年由美国麻省理工学院教授保罗·克鲁格曼提出，核心含义是：一个国家不可能同时实现资本流动自由、货币政策的独立性和汇率的稳定性。也就是说，一个国家只能拥有其中两项，而不能同时拥有三项。如果允许资本流动，又要求拥有独立的货币政策，那么就难以保持汇率稳定。如果要求汇率稳定和资本流动，就必须放弃独立的货币政策。

其实，表达的核心意思是：多方博弈中，必须有所舍弃。

这个理论被借用过来，产生人性的“不可能三角”：金钱、名气和权力几乎是每个人走进社会后的目标，但是这三者能获得一项已经是幸运；获得两项必须付出高处不胜寒的代价；如果三项都想要，那就太贪心，结局往往竹篮打水一场空，什么都得不到。

同样，还有“男人不可能三角”：男人不可能同时满足帅、有钱、专一这三个特点，如果同时满足多半是爱情诈骗。

女人也有“不可能三角”：既漂亮，又经济独立，还不作，这三个点几乎无法同时出现在一个女人身上，世界上没有田螺姑娘。

你看，人生是什么？就是别想着“既要……又要……还要……”，别想着好处都占全。

98

婚姻里的尊严

在法庭上，男方用非常刻薄的语言，争夺孩子的抚养权，他说：

“我学历比你高，有利于孩子教育；我有收入，你没有，你多年没有工作，脱离社会；我本地户口，孩子马上要上小学；你外地户口，离婚后大概要回老家，孩子也不可能跟你走，更换生长环境对孩子不利；我有房，你没有……”

女方一直低着头，被男方和男方律师逼到无话可说。

最后，法官问女方：“你有意见要发表吗？”

她才缓缓抬起头，很小声说：“我今天生日，你说话能不能留点情面？”

这是一位律师朋友告诉我的故事，听了特别难过。

另一位律师朋友严嫣，在采访时说了一个推翻我认知的现象。

离婚案件的处理过程中，8周岁以上的孩子有权表达自己的意愿，选择跟随父亲或者母亲生活，孩子通常会选择跟谁呢？大多数人觉得会选择跟妈妈，其实并不是。严嫣说：“可能我的话让人觉得凉薄，但孩子不完全出于情感，很多时候出于幼小动物生存的本能，选择经济能力更强的人。法官会在释明的时候告诉我们，孩子非常理性，说‘我如果跟着妈妈，妈妈经济条件不好，我会害了她’。”

这个回答，又心酸，又心疼——不仅对孩子，也对那些在离婚时坚持“只要孩子其他都不要”的妈妈们。

严嫣说，女方自己的经济状况好坏，和她在离婚当中是主动还是被动，有很重要的关系。假如女性有独立的经济能力，并且相信自己可以驾驭人生，就更敢于面对婚姻的挫败。但是如果她不自信，哪怕有收入，也会选择“我再放一放，我不急于面对它”，等到对方已经采取了很多准备措施之后，她才发现自己再也放不下去了。

我问严嫣：“男人和女人在面对离婚时，思维有什么不同？”

她回答：“男人面对离婚，不管出于怎样的初衷和冲动，最终他思考的一定是自己的发展和未来的生存；女人面对离婚，会比男人更在意离婚这件事情带给自己的社会评价。而关于婚姻，关于家庭，男人并没有那么在乎，认为这是人生必须完成的一个目标。可女人，极其在乎，对此倾注几乎所有情感。”

我承认，这是一个很扎心的回答。

婚姻里的尊严，并不是别人给的，而是来自自己的谋划——有时是收入，有时是协议，有时是共识，有时是遇见一个善良人的运气。

99

人性能有多复杂（一）

化名：许慧

年龄：32岁（当时）

职业：财务

采访时间：2018年10月16日

星期二　16:30

城市：郑州

许慧刚走进酒店大堂吧，我就确定这是在微信中跟我聊了很久的那个女人，虽然从未见过她的照片——她的微信头像是一种特别常见的花卉，朋友圈没有任何信息，她对话口吻爽辣、快人快语，按说这样天生干脆利落的女人不会在社交网络毫无信息，但是，许慧真的没有，她像在刻意隐藏，或者是极力克制。

她走到我面前，穿着浅灰色的裤装和一件印花丝绸衬衫，灰色的中跟皮鞋纤尘不染，手包和鞋子很搭配，长发简单挽在脑后，瘦、高，骨骼嶙峋，很硬气要强的样子，我突然涌起一股心疼：这个女人在生活中一定很累吧。

我冲她伸出手："我是筱懿，你好，许慧。"

她伸出手，很热，坐下之后带着初次见面的不自在，问了句："是不是很多人找你说自己的情感故事？"我说："是的，这是我工作的一部分，和任何职业一样，其实并不特别。我不会打断你，你觉得不想说就随时停下，咱们约定的时间是两个小时，假如没有说完，欢迎给我发信息补充。"

她喝了一口杯中的红茶，坐直身体并且向我的方向更加靠近一些："是我留言约你聊，所以，没有什么要隐瞒。"

于是，许慧开始讲，叙述非常流畅，犹如这件事情她已经打了若干次腹稿。

以下使用第一人称。

1.

我这辈子大约都不会忘记那一天，陪孩子爸爸去医院做CT，他之前查出甲胎蛋白阳性，医生说以后不能抽烟喝酒，不然可能转为肝硬化，甚至肝癌，所以我特别不放心，一直催他、陪他去查，我们结婚五年多，孩子四岁，他是业绩优秀的销售总监，但是平时应酬太多，健康隐患也大。

我们起初是普通CT，出来之后在医院工作的好友把我叫到一边，说："还是做个增强CT吧。"我心里"咣当"一声，腿都软了，拽着她问："到底有什么问题？"她说："状况不太好，等做完增强CT再说。”

我眼前一片模糊，像隔着泪网般望了一眼远处的李毅——这是孩子爸爸的名字，我们虽然早已不像恋爱和新婚时那么亲密，却久已是骨肉相连的亲人，我害怕得腿直哆嗦。

我陪他在手臂上打了造影剂，然后又是漫长的扫描和漫长的等待。

大约个把小时，好友打电话叫我去拿结果：右肝叶好大一块黑色的阴影，肝癌晚期。

直接确诊。

我像幻听一样脑袋嗡嗡作响，不太能听清楚好友的话，拼凑了一些关键词而已：“肝癌是癌中之王，很难发现也很难治疗，常规疗法无非四种手段——手术切除、放疗、化疗和肝移植。手术切除的时机已经错过，放疗、化疗病没好，人先受一大把罪，如果经济条件特别好就考虑肝移植，风险也很大，首先要有肝源，其次是手术成功移植上去的肝能成活，第三是后续排异反应……”

基本上，是宣布了李毅的生命可能不超过六个月。

我不记得自己过了多久平静下来，状况已经到这个地步，隐瞒还有意义吗？可是我应该怎么告诉李毅——亲爱的，你肝癌晚期，最多还有半年？他会什么反应？怎样给他治疗？

这些都不适合在医院说，我决定回家详谈，路上也有思考的时间。

他像以往一样开车，我却异常安静，我是个直肠子女人，憋不住话，也不是多么能控制住情绪。李毅不同，他做销售多年，特别擅长察言观色，他看出我的反常，一路开得心情沉重。我尽量没话找话跟他说几句，窗外的景色像一帧帧画面不停往后倒，到达小区门口，我看到墙里耸立的香樟树，突然想到那年我们买房时手头紧张，原本没打算买这么好的小区，但我太喜欢这里的房型和满院子的香樟味，那天，李毅在我脸上亲了一口，叫我不要担心钱，娶我就是为了让我过好日子，他这个自尊心那么强的男人，从朋友处借了40万。这些年，我俩都很努力，他的职位和收入不断提升，我做财务，是公司财务经理，管理小家庭自然不在话下，日子越来越好，我们还和父母一起买了另外一套小点却学区更好的房子，为孩子将来上学备用。

刚结婚时我们特别黏，我家住在10楼，从厨房的窗子正好望见小区的主路，我下班通常比他早，只要他不应酬回家吃晚饭，我就绕路去买他特别爱吃的那家卤牛肉，绕的那叫一个远啊，几乎是正常回家的两倍，我在公交车上紧紧抱着卤牛肉，就像捧着一个惊喜，满心都是他回来夸菜好吃的神情。

你知道从心尖上甜到嗓子眼的感觉吗？那时我就是。我回家炒菜，过几分钟就扑到窗户边看看他有没有从外面走回家，我们当时还没有车，觉得最圆满的日子就是有房有车有娃有他有我，有几次望见他往家走，我立马奔出门躲到楼层电梯旁边，他一出电梯，我就扑上去。

每次，他都把我抱个凌空。

许慧在说到这段甜蜜往事时，声音和表情都没有起伏，犹如一个专业而干练的播音员在报新闻。我听过很多伤心的女人描绘以往的爱情，她们的状态会立刻变得不一样，容光焕发，但许慧不同，她好像仅仅是个铺垫，便于迅速过渡到下一个情节。

我在车上回忆那些细碎的片段，眼泪默默流下来，我居然没有意识到自己落泪，还是李毅对我说："别哭，回家好好说。"

和大多数家庭一样，有了孩子之后，生活既嘈杂又平静，嘈杂是因为孩子带来无穷琐事，平静则是由于人一辈子就被这么定型了，我从未想过改变，也默认李毅不会改变，我可能有两年都没给他买过卤牛肉了吧，因为要给孩子买的东西更多。

假如平静是幸福，那我们就是幸福的。

可是现在，幸福被打碎了。

我艰难地拿出增强CT资料，对李毅说了实话。他窝在沙发里，不说话，腿在无声发抖，他把手指插进头发里，把手机放在桌上，突然，他快速站起身，奔进洗手间，我听见门被反锁的声音，之后是呕吐声和压抑的哭声。

在此之前，我从来不知道人在遭遇突然打击时会想吐，直到后来我自己也经历了。

我的心被对李毅的心疼揉得四分五裂。

这时，他的手机响了一下，几个不大的字在我眼里却格外触目：宝贝，在医院状况还好吗？想你。

我以为自己幻视了，拿起李毅的手机，即便之前我从未想过看他的手机，他设了密码，我试了他的生日、儿子的生日都不对，像心电感应一样，我试了小区楼号和房号，解锁了。

那是一个年轻女孩的头像，长发，温柔而娇嗲，我突然想到，“好嫁风”大约说的就是这类女孩，我这辈子都不可能变成那样，我是新时代教育出来的独立女性，有点硬。

我看着自己今天被确诊为肝癌的丈夫和女孩的聊天记录，从对话可以看出，女孩很年轻，二十四五岁，在一家和李毅有业务往来的公司，两个人每天晚上都要在微信里亲亲抱抱之后才能入睡，从时间看，李毅是躺在我的身边发出的那些信息。

即便这么黏，李毅除了出差也从来没有夜不归宿，他对儿子很有耐心，是周围公认的好爸爸。

我不知道李毅什么时候从洗手间出来，看到我正在一页一页翻看他的手机。

他站在我对面，我从沙发上仰头望着他。

空气像在我俩之间凝固。

2.

许慧说到这里，停顿了很久，我不想打扰她，我们之间出现了长久而寂静的停顿，她捧着茶杯的手不断旋转着杯子，身体依旧坐得笔直，她抿了下嘴唇，抱歉地干笑了下：“筱懿，我以为自己已经在心里说了那么多遍早就无感了，结果胃里还是一阵翻腾，居然有想吐的感觉。事情过去那么久，我依旧觉得受伤，虽然后来很多人说我也伤害了他。”

许慧放下茶杯，眼睛向酒店外无意识张望了一会儿，继续。

我听见自己的声音：“我们一起治病，你跟她断。”

我简直不敢相信那是我的声音，像从一个遥远的地方传来，空洞而沉闷。

李毅没有说话，他“嗯”了一声，坐在我旁边，很久，突然说：“治疗应该已经没有意义了吧，我查下医保能解决哪些药，不想以后拖累你和聪聪。”

聪聪是我们儿子的名字。

他拿起手机，对我说：“以后能不看我手机吗？”

我答：“你删除她我就不会看。”

他说：“可是我们有业务联系。”

我压住怒气说：“可是你们不止有业务联系。”

李毅看了眼手机，狠狠地抡起来，手在半空突然又放下，改成操起一只茶杯，重重地摔在地上，“啪”的一声，玻璃四溅，有几个碎片溅到我腿上，微微刺痛。

这是我们结婚时闺蜜送的一对意大利玻璃杯，我们一人一只，都很喜欢，现在他宁愿摔了杯子也要护住手机。

我起身去找吸尘器，从怔怔的他身边走过，说：“我原谅你，因为你病了。”

我仔仔细细打扫房间，四岁的聪聪经常喜欢坐在地上玩，我不想伤到孩子。

李毅的病比预期更重，肿瘤已经11.6厘米大，失去治疗的机会，住了四天院，好友悄悄说住院也没有太大意义，让我带他回家，他剩下的日子不多了，大概就3～6个月，好友拍拍我："对他好点，他特别为你和聪聪着想，老跟我说不能报销的药尽量不要用，钱留给活着的人，生病最能看出人性了，他这人真不错。"

是的，李毅真不错。我听着特别讽刺呢。

最近去医院都是我开车，他在副驾驶偷偷摁掉一个电话，直觉告诉我：一定和那个女孩有关。那天之后，我们装作什么都没有发生，他照常上班，我照常上班带孩子，我们还没有考虑好用什么方式把病情告诉父母。每晚睡觉前，他会拉拉我的手，我也没有逃开，木然地让他握着。我心里有"爱"吗？说不清楚，但是我知道有"责任"。

可是，再有责任，我也不能容忍自己的丈夫和另外一个女人暧昧，哪怕他得了肝癌。

我把车靠边停下，对李毅说："是她的电话？可以给我看下你的手机吗？"

李毅不说话，也没有交出手机。

我去抢，他躲，我使出全身力气扭着他的手，一边扭一边流泪，眼睛直直盯着他，他和我对视，突然松下所有力气，我抢到了手机，打开对话框：

“宝贝，我昨天抱着你买的包又哭了一个晚上，心疼你！”

“包你喜欢吗？上次你说了很久，我一直记得。”

“喜欢，就是太贵了，你现在花钱治病，别乱买东西。”

“其实没多少时间陪你了，想给你留点纪念。”

“不要，我只要你，我明天中午定酒店，让我抱抱你亲亲你，好不好。”

我没有勇气多看，翻了女孩的朋友圈，看到一只大牌包的新款，女孩晒得很随意，青春而忧郁的背影，配上隐隐约约的包。

李毅说：“慧慧，如果我没有得这个病，我就和她断了，其实知道自己生病以后，我立刻提出跟她断，她哭成那样，说如果时间不多了，为什么不能成全这段感情？真的，我也舍不得，我和她是日久生情，从工作关系发展到这一步，也不想再瞒你。我不再治病就想给你和聪聪多留些钱，我父母工作稳定，养老不用发愁，你带着聪聪，以后有时间多回去看看他们。

“如果你想再嫁人，就把孩子给他们带，都行。

“她才25岁，没有男朋友，我都这个样子了，也不存在拖累她，就是互相给个安慰吧。”

我冲着李毅大声说：“从你生病到现在，你关注过我吗？你理解我既发现你生病同时知道你出轨的心情吗？我四处打听治病，犹豫着怎么开口对老人说，每天接送孩子，我看过你手机之后，不是不想跟你谈，而是心疼你的病。

“可是你，真正从感情上把我当成老婆心疼过吗？”

车内狭小的空间充斥着复杂的尴尬，我的眼泪堵都堵不住，从指缝里倾泻出来，我说：“你的病瞒不住，我们这两天找个时间跟双方父母都说了吧，周末聪聪不上幼儿园没人带不方便。”

四位老人在我家客厅坐成一个圈，李毅妈妈已经哭得不行，李毅爸爸勉强撑住她，我父母表情木然。

我接着说：“在知道李毅生病那天，我也知道了他出轨，而且，他没有打算和那个女孩断。”

李毅从椅子上腾地站起来：“慧慧，你说这个干吗？”

我说：“都到这时候了，还有必要隐瞒吗？爸爸妈妈，我想和李毅离婚，不是因为他的病，是因为他出轨而且不准备分手，让我一边照顾他一边看着他和别人谈恋爱，我做不到。”

我婆婆立刻不哭了：“他都这样了，你这不是催他早死？”

我说：“我是一个正常女人，因为李毅的状况我就得包容隐忍，烂在肚子里，这对我又公平吗？我工作上要求每一笔账都清清楚楚，回到家里也没有心力对着那么一摊烂账。”

我妈难以置信地看着李毅：“你还出轨了？在这个时候？你怎么有精力啊?！”

李毅脸上是颜面扫地的绝望，我妈妈的眼里只有她被出轨的女儿，我婆婆的眼里只有她得肝癌的儿子，因为立场不同，老人都选择了他们觉得最值得同情的那个部分，呼天抢地，在我家乱成一团。

我和李毅隔着嘈杂对视，反而很安静，他同意我的解决方案：两套房子现在住的这套归我，所有现金存款和另外一套房子给他，孩子归我。那套房子有简单的家具，这套房子孩子上幼儿园方便，所以，我帮助他收拾好东西，搬到另外一套房子。

搬家那天，“好嫁风”女孩来了，李毅自由了，所以他们完全不必掩盖，亲昵的小动作不断，李毅的父母也来了，他们无视我这样狠心肠的女人，故意对女孩很亲切。

我的前婆婆临走时对我说：“看看人家小姑娘多善良！做人要善良。”

我笑笑，没说话。

是啊，她多善良。

但我不要这种复杂的善良，我只想活得清清爽爽。

3.

在李毅最后的时间，我们商量不希望孩子那么小对生离死别留下太多记忆，我们骗聪聪爸爸出差了，到后来就说爸爸生了病，得安静休养，所以住在另外一个家里请阿姨照顾，每次我把孩子送过去，爷爷奶奶都在小房子里陪着李毅和“好嫁风”女孩，亲亲热热像一家人，如果不是生病，还真的挺幸福。

聪聪也说：“那个照顾爸爸的阿姨好漂亮呀，她还会亲亲爸爸。”

李毅的身体恶化很快，先是肚子胀痛，胀得像打硬的皮球，听说每天要上二三十次厕所，晚上连续睡两个小时都做不到。

恶化的病情越发显得女孩的可贵，以及我的不宽容——中国式的八大宽容包括：大过年的，人都死了，来都来了，都不容易，还是孩子，岁数大了，为了你好，习惯就好。

如果对这八种事不宽容，舆论大概率不会放过你。我成了一个“狠心”的前妻，李毅成了一个深情的丈夫和男朋友，介入我们婚姻的第三者成了一个值得同情的善良女孩。

李毅的病和去世美化了他的出轨，让这件事变得几乎要可歌可泣起来。我想说，照顾病人四个月挺难的，可是独自养大一个孩子容易吗？挺过婚姻的背叛容易吗？

李毅走的那天，我送孩子到医院见了爸爸最后一面，但我没有进去。

那间病房埋葬的不仅是我的前夫，更是我的爱情和家庭，还有我对人的信任。

从此我变得不爱与人交往，害怕听到别人的评价，害怕自己的价值观与社会不同，我不发朋友圈，隐藏自己，下班就回家带孩子。

我从来没有去过李毅的墓地，他最后的时光像一把刀，斩断了我们的过去。但我不阻止儿子去，每次爷爷奶奶带他去墓地看爸爸，他回来都是忐忑：怕看了爸爸就是背叛妈妈，又怕不看爸爸就是“没良心”。

其实我毫不在意，我对儿子说：“孩子，妈妈是大人，你是小朋友，不要委屈自己，妈妈都理解，都明白，妈妈爱你。”

现在，距离这篇采访已经过去了五年。

许慧依旧单身，聪聪已十岁，阳光快乐，母子感情非常好。

我曾问许慧是否会再婚，她说：“不考虑。”

100

人性能有多复杂（二）

化名：夏盈

年龄：32（当时）

职业：教师

采访时间：2018年6月20日

星期三　19:00

城市：沈阳

夏盈看上去一点不像高大爽朗的北方女人，她娇小苗条，表情柔和，话音清脆，不带任何口音的标准普通话，语速略快。她的衣着不时髦，但很注意质地和细节，没有佩戴多少首饰，只在左手的无名指上圈着一只朴素的婚戒，左手腕上一块品牌不错的手表，说话之前先微笑。礼貌，但是绝不生分和客套，分寸感很好，让人愿意亲近，甚至，她的职业也不难猜，一望上去，就是教师或者公务员之类工作非常稳定规律的女子。

她见到我，说一点没有陌生感，总是看我的文章，犹如老友重逢而不是初次见面。

以下使用第一人称。

1.

我和丈夫是初恋、初婚。

从18岁到现在，恋爱6年，结婚8年，为人父母6年。转眼，居然已经在一起14年，时间又长又快。

你如果问我：幸福吗？我会说：幸福的。

你如果问我：腻吗？对别的男人好奇吗？我嘴上否认心里却诚实：当然腻，当然好奇。

这是人性。

并不会心甘情愿满足于眼前的小确幸，偶尔分歧吵架时更会想：别人的生活什么样？如果不和他在一起，又是另一种选择吧。

我出生在普通家庭，妈妈也是老师，爸爸是公务员，从小就被教育好好学习天天向上，恋爱唯一的启蒙是：不许早恋。刚上大学就遇见丈夫，我们是校友，我学历史，他学哲学，彼此都是初恋，他第一次追的女孩就是我，我既然不懂拒绝，那就答应了，可多么动心也未必，不过是少女对爱情的新鲜和憧憬。

大家总以为女人是爱上某个男人，其实未必，女人是爱上爱情本身，那个男人不过是爱情的工具人，不是他，还会有别人，而且，差别未必大。

我还记得大学里他陪我一起打饭、打水，每天拎着我的水瓶拉着我的手慢慢走回宿舍，晚上接我一起用课本占座位上晚自习，周末在学校或者附近看电影，寒暑假回到各自的城市，每天通电话。

我们都是寻常家庭的平凡男女，并无悬念与特别，大学毕业我考了研，后来留校当辅导员，他则考上公务员，按部就班地工作升职。

我俩都是本省人，留在省会工作顺理成章。

在双方父母的支持下买房、结婚、生子，逐渐活成中国最稳定最中坚的人口，有时候，我想，假如老了要写点回忆，这些经历估计一页纸就写完了。

相比热烈和浪漫，我和老公的婚姻恋爱模式，或许是大多数人的常态。

2.

我从来没想过，自己这样传统的女人会动起“出轨”的念头。

有一次，几个女朋友聊天时提到洪晃曾经写过一篇文章——《女人一生睡多少男人算“值”》，数量标准是：

0 = 白活了；1 = 亏；2～3 = 传统；3～5 = 正常；5～10 = 够本；10～15 = 有点忙；15～20 = 有点乱；20～30 = 有点累；30～50 = 过于开放。

大家开玩笑自己活得都在亏和传统之间。

看得出来，虽然都拥有常人眼中的幸福，但各有不甘和不满，婚姻制度很有意思，既维护了爱情的稳定，又让人总想突破这种稳定。

意外的是，突破的机会和对象很快来了。

我大学时的班长出差沈阳，作为唯一留校的同学，我尽地主之谊请吃饭，席间大家开玩笑，如果不是老公当年下手快，追求我的人就是班长了，说者无意听者有心，我敏感地察觉班长的眼神和我一样有点异样，我们都有些说不上是遗憾还是期待的情绪。

饭后，我顺路送班长回酒店，他自然而然地打开车门，坐在副驾的位置，我心里轻轻颤动了一下，多年来，这是专属老公的座位，我心理界限特别强，不能容忍不够熟悉的人尤其异性超越80厘米的安全距离。但是那天，我没有拒绝，轻车熟路地挂挡，班长轻轻说："很多年没来过沈阳，我们稍微转两圈吧，比如到张学良和赵四小姐当年住的北陵别墅附近。"

我默默按照他的意见开车。

他的气息让我产生别样的陶醉，不是烟酒味，是男性时而清澈时而浊重的性感味道。男女之间最初的吸引，最重要的原因不是相貌身材，也不是物质需要，而是身体所散发出的气息。他的气息让我既紧张又放松，既躁动又羞涩，既不安又期待，这不一定是爱情，但一定是动情。

我们一路经过很多熟悉的地方，回忆它们当初的样子，谈话热烈而默契，车厢里流淌着古早的小野丽莎的《可爱的你》，我的心情很像音乐的节奏，欢乐愉快。

但是，我没有放任这种欢乐愉快，23:00，我把他送回酒店。他站在酒店门前向我伸出手，说："谢谢款待。"我犹豫地把手放进他手里，他用力握了握，接着说："下次给我个机会款待你。"

我心里一惊，下次？不太敢深想，一踩油门匆匆别过。

23:30我到家。家中一片安宁，老公给我留了灯。

我在灯下平静了10分钟，洗漱，睡。

却是一晚失眠。

3.

我的生活有了一丝变化。

每天早晨7:00，班长都会在微信里问候我早安，我们不时告诉对方自己当天做了什么，心情如何，有哪些趣事，虽然沈阳和他所在的广州现实距离遥远，心理距离却十分近，他在情绪上参与着我的生活，照料着我的感受。

打败婚姻的，并不是爱情的消失，而是注意力的转移。婚后，家庭琐事、孩子、工作、老人占据了大量精力，夫妻更像并肩解决问题的同事或者合伙人，对彼此的关注不再基于爱意，而是现实的考量，就连做爱，都为了满足需求，而不是情感的表达。

当家庭成为经济实体，却不是感情纽带，只是事与事的应对，而不是情与情的体贴，人，尤其女人，会非常失落。

有一天，班长微信里说："春花烂漫，我们选个中间城市，比如，去武汉看樱花吧。"

我这种连出差都很难得的人心里一惊，我活得太规矩，这个年龄，上有老下有小，工作稳定到呆板，前路一望便知10年甚至20年后的方向与终点，是安逸和稳定，也是无趣。这样的日子里，人会突然生出一种不想总做规规矩矩的好人，只图一个爽气的冲动。

我没有立刻回复，想了一整天，晚上快下班才发出一个"好"字，他秒回："我来安排!!!"

三个大大的感叹号。

很快，他发来了机票、酒店和行程信息——他订了两间房，我轻轻吐了口气。

我是人人放心的好员工、好妻子、好妈妈，去武汉的借口容易找也容易信。

意外的是，老公居然请假送我去机场。

临行前一晚，他特地比平时更早回来吃饭，陪我一起收拾行李，不过走三天，却千叮咛万嘱咐，怕我走丢似的。看着他在灯下检查行李箱中的零碎小物，我心情特别复杂，甚至，一瞬间想，不去了吧，去了如果发生控制不住的事怎么办？

可是，人总有叛逆期，不在少年，便在中年，甚至老年。那一刻，我被叛逆感深深攥住，总想体验一把从未经历的场景和感受，总想这世界上还有和丈夫不一样的男人吧？

老公送我去机场。

一路没有音乐，也没有风趣的对话，我们俩自然而然聊着今年长假带孩子去哪儿玩，双方老人怎样在一起聚聚，单位同事的相处，以及最近的理财产品。

这些细节无趣，但是安稳踏实。

他细心地拎着我的行李帮我办票，送我进安检口，挥挥手，才离开。

我带了本书在飞机上看，却一个字也没看下去。

4.

班长的航班先到，已准时在出口等我，我脸上一热，低头迎上去，他接过我的行李，手试探件地碰了我的手，我没有拒绝，于是，他紧紧牵住。

车迅速开往酒店，他一直拉着我的手不放，我们谈起过去的同学，他毫不留情地对所谓不成功的几位做了别致的挖苦，我很不喜欢他狂傲的口气，默默把手抽回来，说："过得好是能力，但也是幸运。"

他没想到我的冷淡，愣了，空气稍微有点僵。

到达酒店，我们各自入住，约好中午一起吃饭。

我在房间化妆、换衣服，丝毫没有做了坏事的兴奋，眼前全是老公、儿子的影子，甚至，因为班长这个人近在眼前，似乎随手可得，一切都变得不那么让人期待。

午餐时，他照顾着我的情绪，挑起各种话题，但是，我似乎特别不知趣地把话题往他的家庭上引，最后，他很无奈地承认，和妻子关系还是不错的，绝对没有深仇大恨和实质矛盾，就是平凡日子过久了，想开个小差透点气。

不想离婚，更不想和我有特别的未来和责任。

我为他的诚实，非常有诚意地笑了，我们甚至开诚布公交流起对各种问题的看法，我丝毫不讨好不掩盖自己的真实态度，他最后诧异地放下筷子，认真地问：

“为什么你和微信里完全不同？我一直以为你是个温和的女人，真没想到还挺犀利。”

对，我一直外柔内刚，犟得很，只有不了解的人误以为我温柔。

坦率地说，班长比丈夫有趣得多，可是我并不很喜欢有趣的男人。“有趣”在情感上的确可以快速吸引女人的注意力，可是，这种吸引更多的是一时的好奇和新颖，生活不可能永远历久弥新，一对关系稳固的男女，无论情人或友人，更需要共同面对重复、烦琐、枯燥、忙碌的日常，新鲜感很短暂，得靠距离和惊喜去维系，但长久的人生却更需要一个人有踏实、认真、务实、责任心等品质，这些都比“有趣”更有分量。

越对比，我越觉得我老公这个人特别难得，挺可爱的。

这顿午饭吃下来，我和班长都对接下来的时光失去期待，甚至觉得，怎样才能打发完这两天啊。

我真心劝想出轨的男女先多聊聊天，不要在昏暗的深夜里聊感情，而是在白天聊三观，再决定要不要上床，很多人聊完之后连面都不想见，更别说上床了。可是，大部分人正好反过来，恋爱太慢热，上床的速度却太快，甚至以脱衣服的速度去结了婚。

所以，很多后悔。

接下来的两天，我们礼貌客气地对待彼此，我把武汉逛了个遍，在酒店看了三部电影，犹如给自己放了小长假，元气满满。

临别，我给班长的妻子买了个很漂亮的胸针，递给他，说：“女人总是期待有礼物和惊喜，别让她失望。”

然后，执意在微信里把我那部分费用转给他，逼他收下。

做完这一切，我轻松登机，心里雀跃着要回家。

丈夫带着儿子等在机场，儿子见我飞快扑过来，老公拿起我的行李自然牵住我的手，那一瞬间，我觉得，只睡过一个男人，也很够本。

有些灯下情，必然见光死。

绝大多数普通人的幸福，都来自常情和常态。

故事化和刺激性确实吸引人，但是，大多数人接得住瞬间，却接不住长久。

我愿意，认认真真地，和一个人恋爱无数次，而不是找很多人只恋爱一次。

虽然隔着好几年，我依然记得夏盈讲完后，很抱歉地笑起来：“唉，给你讲了一个出轨未遂的平淡故事，真不好意思啊。”

不，我很喜欢听平淡的故事，让我觉得更真实，也会更有信心。

夏盈后来又要了个女儿，一家四口，平凡忙乱，其乐融融。

后记

不与糟糕的事情对抗

禅院里，小和尚看到一棵枯萎的小树，难过地问禅师："我该怎么救活它？"

禅师说："别救，让它自由离开。"小和尚说："师傅，我原以为你是善良的人，没想到你这么无情。"他心疼小树，每天坚持浇水，一周后，树叶依然落光，树干也断了。

小和尚难过不已，禅师说："拔掉枯树，种上花草吧。"小和尚种了花草，一周后，花草长出绿芽，他高兴地告诉禅师："师父，发芽了！"禅师笑而不语，小和尚恍然大悟。

生活中那些糟糕的事，就像一棵枯树，无论使多大劲，都无法改变结局。

白居易曾写：大都好物不坚牢，彩云易散琉璃脆。

这句话杨绛先生也喜欢，就像她在《我们仨》中说："爱的时候，学会相互依靠，学会柔软，在爱渐去渐远的时候，也能心存爱意，满怀希望地继续漂亮生活。女子生性本弱，保持独立便是我们行走世间的铠甲，也是我们进退自如的潇洒，要懂得：这世间，再怎么疼爱儿女的父母，总有一天会老去，会离你而去；再怎么手足情深的兄弟姐妹，总有一天也会各自成家；再怎么恩爱的夫妻，走到人生末途的时候，总有人会先走；再怎么孝顺的儿女，等羽翼丰满的时候，也会远走高飞。”

她与丈夫钱钟书相伴64年，钱先生于1998年88岁离开，尤其难过的是，1997年，老夫妻的独生女儿钱媛先一步病逝。当年深感时日不多的钱媛，内心对母亲杨绛深深地愧疚，觉得自己受了母亲一生疼爱，没来得及报恩，却要弃妈妈先去，她写了一首小诗：牛儿不吃草，想把娘恩报。愿采忘忧花，藉此谢娘生。

我每每读到这诗，总情不自禁流泪。

两年内先后送走独生女儿和丈夫，杨绛先生又独自生活了18年。钱媛临走前给妈妈画了营养饮食的食谱，杨绛很“听话”，她严格控制膳食，少吃油腻，喜欢买了大棒骨敲碎煮汤，再将汤煮黑木耳，每天一小碗，保持骨骼硬朗。

高龄后，她坚持每天慢走7000步，直到100岁还能弯腰将手碰到地面，或许她是以这种方式告慰女儿：“我活得很好，不必担心。”

2003年，《我们仨》出版，这本书原计划一家三口每人写一部分，可是女儿和丈夫相继离世，杨绛先生便独自一人完成了对三个人的回忆。

百岁之后，她依然坚持伏案写作，她说："我一个人来思念我们仨。"

写作的习惯一直保持到2016年她104岁离开。

原本，人不必比较谁的难处更大，因为任何人都会遇到糟糕的事。可我们总是忍不住打量谁的苦难更深重，谁的委屈更难言，谁的疼痛更锥心，我们在无意中放大自己的感受，认为自己才是天地间最憋屈的那个，这种情绪其实就是在和糟糕的事情对抗。

海灵格有首诗叫作《允许一切发生》，他说：

情绪只是身体上的觉受，本无好坏。
越是抗拒，越是强烈。
若我觉得不应该出现这样的情绪，
伤害的，只是自己。
我唯一能做的，
就是允许。

让过去的过去，让未来的到来，顺其自然，江河溪流都是顺势而生，蜿蜒曲折就是它们的轨迹。很多时候，伤害我们的，并不是命运的无常和别人的无情，而是自己内心的不甘和执念。

允许一切发生，才有通透自在。